"十四五"时期国家重点出版物出版专项规划项目

| 数字中国建设出版工程·"新城建 新发展"丛书 |

梁　峰　总主编

# 智慧城市基础设施
# 与智能网联汽车

张永伟　主编

中国城市出版社

图书在版编目（CIP）数据

智慧城市基础设施与智能网联汽车/张永伟主编
. —北京：中国城市出版社，2023.12
（"新城建 新发展"丛书/梁峰主编）
数字中国建设出版工程
ISBN 978-7-5074-3657-0

Ⅰ.①智… Ⅱ.①张… Ⅲ.①现代化城市—基础设施
②汽车—智能通信网 Ⅳ.①TU984②U463.67

中国国家版本馆CIP数据核字（2023）第228906号

　　本书是数字中国建设出版工程·"新城建 新发展"丛书中的一本。全书共分为4篇。第1篇为基础篇，回顾了智能汽车与智慧城市起源与发展现状，分析了国家及地方在智能网联汽车、智慧城市等方面的政策形式，介绍了智能网联汽车与智慧城市基础设施协同发展的概念，说明其主要特点以及对汽车、交通、城市等方面的作用和意义。第2篇为建设篇，讲述车路城协同发展的建设思路与总体架构，包含交通、能源、定位、信息等在内的基础设施技术体系，车路城协同基础平台、商业闭环应用图谱、标准体系以及可落地、可监督、可持续的跨部门协同推进机制。第3篇为实践篇，介绍了国内五个创新实践案例。第4篇为展望篇，从政策、技术、市场等角度提出车路城协同发展趋势与建议。本书内容全面，具有较强的实用性，对我国新型城市基础设施车路城协同发展管理水平的提高具有一定的推动意义。

　　本书可供城市管理者、决策者，汽车及相关行业的管理者、技术开发人员、产业投资人员、战略研究人员，城市基础设施运营商，以及城市规划、设计、建筑的从业人员参考使用。

总 策 划：沈元勤
责任编辑：徐仲莉　王砾瑶
书籍设计：锋尚设计
责任校对：赵　颖
校对整理：孙　莹

数字中国建设出版工程·"新城建 新发展"丛书
梁　峰　总主编

**智慧城市基础设施与智能网联汽车**

张永伟　主编

\*

中国城市出版社出版、发行（北京海淀三里河路9号）
各地新华书店、建筑书店经销
北京锋尚制版有限公司制版
北京富诚彩色印刷有限公司印刷

\*

开本：787毫米×1092毫米　1/16　印张：11　字数：206千字
2023年12月第一版　2023年12月第一次印刷
定价：**88.00**元
ISBN 978-7-5074-3657-0
（904636）

# 丛书编委会

主　　任：梁　峰
副 主 任：张　锋　咸大庆
总 主 编：梁　峰
委　　员：陈顺清　袁宏永　张永伟　吴强华　张永刚
　　　　　马恩成　林　澎
秘　　书：隋　喆

# 本书编委会

主　　编：张永伟
副 主 编：赵泽生　汪　林　孙　航
编　　委（按姓氏笔画排序）：
　　　　　于　涤　马　龙　王　赛　王洪凯　王晓刚
　　　　　邓福岭　刘思杨　苏兴宇　李　洋　何　琪
　　　　　张　妮　张　琦　张卫玲　张云飞　张长隆
　　　　　陈智勇　陈智慧　周　浩　赵荐雄　胡风嵩
　　　　　胡青雨　夏　芹　徐　琥　高海龙　郭　祎
　　　　　葛　元　溥德阳　谭露露

# 让新城建为城市现代化注入强大动能
## ——数字中国建设出版工程·"新城建 新发展"丛书序

城市是中国式现代化的重要载体。推进国家治理体系和治理能力现代化，必须抓好城市治理体系和治理能力现代化。2020年，习近平总书记在浙江考察时指出，运用大数据、云计算、区块链、人工智能等前沿技术推动城市管理手段、管理模式、管理理念创新，从数字化到智能化再到智慧化，让城市更聪明一些、更智慧一些，是推动城市治理体系和治理能力现代化的必由之路，前景广阔。

当今世界，信息技术日新月异，数字经济蓬勃发展，深刻改变着人们生产生活方式和社会治理模式。各领域、各行业无不抢抓新一轮科技革命机遇，抢占数字化变革先机。2020年，住房和城乡建设部会同有关部门，部署推进以城市信息模型（CIM）平台、智能市政、智慧社区、智能建造等为重点，基于信息化、数字化、网络化、智能化的新型城市基础设施建设（以下简称新城建），坚持科技引领、数据赋能，提升城市建设水平和治理效能。经过3年的探索实践，新城建逐渐成为带动有效投资和消费、推动城市高质量发展、满足人民美好生活需要的重要路径和抓手。

党的二十大报告指出，打造宜居、韧性、智慧城市。这是以习近平同志为核心的党中央深刻洞察城市发展规律，科学研判城市发展形势，作出的重大战略部署，是新时代新征程建设现代化城市的客观要求。向着新目标，奋楫再出发。面临日益增多的城市安全发展风险和挑战，亟须提高城市风险防控和应对自然灾害、生产安全事故、公共卫生事件等能力，提升城市安全治理现代化水平。我们要坚持"人民城市人民建、人民城市为人民"重要理念，把人民宜居安居放在首位，以新城建驱动城市转型升级，推进城市现代化，把城市打造成为人民群众高品质生活的空间；要更好统筹发展和安全，以时时放心不下的责任感和紧迫感，推进新城建增强城市安全韧性，提升城市运行效率，筑牢安全防线、守住安全底线；要坚持科技是第一生产力，推动新一代信息技术与城市建设治理深度融合，以新城建夯实智慧城市建设基础，不断提升城市治理科学化、精细化、智能化水平。

新城建是一项专业性、技术性、系统性很强的工作。住房和城乡建设部网络安全和信息化工作专家团队编写的数字中国建设出版工程·"新城建　新发展"丛书，分7个专题介绍了新城建各项重点任务的实施理念、方法、路径和实践案例，为各级领导干部推进新城建提供了学习资料，也为高校、科研机构、企业等社会各界更好参与新城建提供了有益借鉴。期待丛书的出版能为广大读者提供启发和参考，也希望越来越多的人关注、研究、推动新城建。

姜万荣

2023年9月6日

# 丛书前言

加快推进数字化、网络化、智能化的新城建，是将现代信息技术与住房城乡建设事业深度融合的重大实践，是住房城乡建设领域全面践行数字中国战略部署的重要举措，也是举住房城乡建设全行业之力发展"数字住建"，开创城市高质量发展新局面的有力支点。

新城建，聚焦城市发展和安全，围绕百姓的安居乐业，充分运用现代信息技术推动城市建设治理的提质增效和安全运行，是一项专业性、技术性、系统性很强的创新性工作。现阶段新城建主要内容包括但不限于全面推进城市信息模型（CIM）平台建设、实施智能化市政基础设施建设和改造、协同发展智慧城市与智能网联汽车、建设智能化城市安全管理平台、加快推进智慧社区建设、推动智能建造与建筑工业化协同发展和推进城市运行管理服务平台建设，并在新城建试点实践中与城市更新、城市体检等重点工作深度融合，不断创新发展。

为深入贯彻、准确理解、全面推进新城建，住房和城乡建设部网络安全和信息化专家工作组，组织专家团队和专业人士编写了这套以"新城建 新发展"为主题的丛书，聚焦新一代信息技术与城市建设管理的深度融合，分七个专题以分册形式系统介绍了推进新城建重点任务的理念、方法、路径和实践。

分册一：城市信息模型（CIM）基础平台。城市是复杂的巨系统，建设城市信息模型（CIM）基础平台是让城市规划、建设、治理全流程、全要素、全方位数字化的重要手段。该分册系统介绍CIM技术国内外发展历程和理论框架，提出平台设计和建设的技术体系、基础架构和数据要求，并结合广州、南京、北京大兴国际机场临空经济区、中新天津生态城的实践案例，展现了CIM基础平台对各类数字化、智能化应用场景的数字底座支撑能力。

分册二：市政基础设施智能感知与监测。安全是发展的前提，建设市政基础设施智能感知与监测平台是以精细化管理确保城市基础设施生命线安全的有效途径。该分册借鉴欧美、日韩、新加坡等发达国家和地区经验，提出我国市政基础设施智能感知与监测的理论体系和建设内容，明确监测、运行、风险评估等方面的技术要求，同时结合合肥和佛山的实践案例，梳理总结了城市综合风险感知监测预警及细分领域的建设成效和典型经验。

分册三：智慧城市基础设施与智能网联汽车。智能网联汽车是车联网与智能车的有机结合。让"聪明的车"行稳致远，离不开"智慧的路"畅通无阻。该分册系统梳理了实现"双智"协同发展的基础设施、数据汇集、车城网支撑平台、示范应用、关键技术和产业体系，总结广州、武汉、重庆、长沙、苏州等地实践经验，提出技术研发趋势和下一步发展建议，为打造集技术、产业、数据、应用、标准于一体的"双智"协同发展体系提供有益借鉴。

分册四：城市运行管理服务平台。城市运行管理服务平台是以城市运行管理"一网统管"为目标，以物联网、大数据、人工智能等技术为支撑，为城市提供统筹协调、指挥调度、监测预警等功能的信息化平台。该分册从技术、应用、数据、管理、评价等多个维度阐述城市运行管理服务平台建设框架，并对北京、上海、杭州等6个城市的综合实践和重庆、沈阳、太原等9个城市的特色实践进行介绍，最后从政府、企业和公众等不同角度对平台未来发展进行展望。

分册五：智慧社区与数字家庭。家庭是社会的基本单元，社区是基层治理的"最后一公里"。智慧社区和数字家庭，是以科技赋能推动治理理念创新、组建城市智慧治理"神经元"的重要应用。该分册系统阐释了智慧社区和数字家庭的技术路径、核心产品、服务内容、运营管理模式、安全保障平台、标准与评价机制。介绍了老旧小区智慧化改造、新建智慧社区等不同应用实践，并提出了社区绿色低碳发展、人工智能和区块链等前沿技术在家庭中的应用等发展愿景。

分册六：智能建造与新型建筑工业化。建筑业是我国国民经济的重要支柱产业。打造"建造强国"，需要以科技创新为引领，促进先进制造技术、信息技术、节能技术与建筑业融合发展，实现智能建造与新型建筑工业化。该分册对智能建造与新型建筑工业化的理论框架、技术体系、产业链构成、关键技术与应用进行系统阐述，剖析了智能建造、新型建筑工业化、绿色建造、建筑产业互联网等方面的实践案例，展现了提升我国建造能力和水平、强化建筑全生命周期管理的宝贵经验。

分册七：城市体检方法与实践。城市是"有机生命体"，同人体一样，城市也会生病。治理各种各样的"城市病"，需要定期开展体检，发现病灶、诊断病因、开出药方，通过综合施治补齐短板和化解矛盾，"防未病""治已病"。该分册全面梳理城市体检的理论依据、方法体系、工作路径、评价指标、关键技术和信息平台建设，系统介绍了全国城市体检评估工作实践，并提供江西、上海等地的实践案例，归纳共性问题，提出解决建议，着力破解"城市病"。

丛书编委人员来自长期奋战在住房城乡建设事业和信息化一线的知名专家和专业人士，包含了行业主管、规划研究、骨干企业、知名大学、标准化组织等各类专业机构，保障了丛书内容的科学性、系统性、先进性和代表性。丛书从编撰启动到付梓成书，历时两载，百余位编者勤恳耕耘，精益求精，集结而成国内第一套系统阐述新城建的专著。丛书既可作为领导干部、科研人员的学习教材和知识读本，也可作为广大新城建一线工作者的参考资料。

丛书编撰过程中，得到了住房和城乡建设部部领导、有关司局领导以及城乡建设和信息化领域院士、权威专家的大力支持和悉心指导；得到了中国城市出版社各级领导、编辑、工作人员的精心组织、策划与审校。衷心感谢各位领导、专家、编委、编辑的支持和帮助。

推进现代信息技术与住房城乡建设事业深度融合应用，打造宜居、韧性、智慧城市，需要坚持创新发展理念，持续深入开展研究和探索，希望数字中国建设出版工程·"新城建 新发展"丛书起到抛砖引玉作用。欢迎各界批评指正。

丛书总主编

2023年11月于北京

# 前　言

　　汽车的发展与城市交通、建筑息息相关。20世纪汽车的普及变革改变了传统城市空间形态，对于城市道路规划建设提出新需求，道路变得更宽、更长、更复杂。当前全球汽车产业正处于创新活跃期，汽车电动化、智能化、网联化的发展对城市建筑、道路、交通、能源设施等的要求越来越高，在新一轮科技革命推动下，我国智能电动汽车正进入加速发展新阶段。与传统燃油车相比，智能电动汽车具有更直接高效的储能供电能力、更强大的算力芯片以及线控底盘系统，为汽车智能化转型提供了最佳载体。同时，随着智能电动汽车的逐步普及，对道路基础设施提出数字化、网联化发展的需求，为设计绿色宜居宜行城市创造新的思路，同时也夯实了智慧城市基础设施建设。智能网联汽车与智慧城市协同发展成为必然趋势。智慧城市为智能网联汽车提供智能基础设施和丰富的应用场景，自动驾驶网约车、智能公交、无人物流/配送、自主代客泊车等都需要在智慧城市中实现；同时智慧城市的建设也需要以智能网联汽车为牵引力和数字化终端，实现合理规划城市智能基础设施建设，提高基础设施利用率，用发展汽车的思路以科技赋能住宅。推动智能网联汽车和智慧城市协同发展，会催生大量新业态、新模式、新产业，有利于汽车强国、交通强国以及新型城镇化建设。

　　党的二十大提出，要坚持系统观念和系统思维。从这个角度来看，我国汽车产业发展正在经历两个系统性工程。第一个是目前讨论较多的新能源汽车发展的上半场，主要以电动化为代表。当电动汽车进入规模化发展阶段后，要解决好汽车与新能源协同发展的问题，要把汽车与智能电网、水电、风电、光伏、储能加氢等一系列的新能源体系或者新电力体系有机结合起来，汽车与能源成为有机的结合体，这是我国汽车产业发展面临的第一个系统性工程。当新能源汽车发展进入下半场，汽车产业变革将以智能化为主，此时将经历第二个系统性工程，汽车与城市、道路、交通、能源深度融合发展，通过汇聚不同领域的优势，打造一套新的技术和产业系统，这就是"双智"协同发展的本质内涵。

未来我国智慧城市与智能网联汽车协同发展的产业体系应围绕"智能网联""智能化基础设施"等核心,大力发展自动驾驶、车路协同等相关产业,实现"双智"协同的高精度感知、高可靠通信、高性能计算,从而推进汽车与基础设施的深度融合,实现城市智慧化运行,最终建立我国自主的技术体系、产业体系和话语体系。

为推动智慧城市基础设施与智能网联汽车协同发展,促进智能网联关键技术攻关和产业融合的发展,及时总结推广住房和城乡建设部新型城市基础设施建设试点经验,特编制本书。

本书分基础篇、建设篇、实践篇、展望篇展开。基础篇,回顾了智能汽车与智慧城市起源与发展现状,分析了国家及地方在智能网联汽车、智慧城市等方面的政策形式,介绍了智能网联汽车与智慧城市基础设施协同发展的概念,说明其主要特点以及对汽车、交通、城市等方面的作用和意义。建设篇,讲述车路城协同发展的建设思路与总体架构,包含交通、能源、定位、信息等在内的基础设施技术体系、车路城协同基础平台,商业闭环应用图谱、标准体系以及可落地、可监督、可持续的跨部门协同推进机制。实践篇,介绍了国内五个创新实践案例,以期为我国新型城市基础设施车路城协同发展,提供借鉴和思路。展望篇,从政策、技术、市场等角度提出车路城协同发展的趋势与建议。

本书主要面向城市管理者、决策者,汽车及相关行业的管理者、技术开发人员、产业投资人员、战略研究人员,城市基础设施运营商,以及城市规划、设计、建筑的从业人员。为此,着重介绍了在智慧城市基础设施方面应该重点研究关注什么内容,什么是车路城协同发展需要的配套设施,哪些标准亟须城市间互联互通互认。

由于编者水平有限,书中出现的错误和不足,敬请读者批评指正。

# 目　　录

## 3　实践篇

# 4　展望篇

# 1

## 基础篇

# 第 **1** 章

## 概述

## 1.1  智慧城市基础设施与智能网联汽车协同发展内涵

### 1.1.1  智慧城市发展历程

在人工智能、大数据、5G网络、清洁能源等技术高速发展的第四次工业革命时期，人们对城市的要求不再局限于提供基本的生产生活空间，而开始期待城市能够拥有智慧，不仅为市民在出行、消费、医疗等方面提供更加安全低碳、舒适便捷的个性化服务，还要以更加高效系统、精细透彻的信息化手段帮助城市建设者和管理者解决各类城市运行的堵点、痛点。

1990年5月在美国旧金山举行的以"智慧城市、全球网络"为主题的国际会议上，以"互联互通的智慧化城市基础设施、快捷信息系统、全球网络"为基础的智慧城市理念被首次提出。2008年，IBM（国际商业机器公司）与美国艾奥瓦州的迪比克市政府合作，以物联网技术将城市的水电资源数据化，通过为全市住户和商铺安装数控水电计量器，仪器记录的数据会及时反映在综合监测平台上，以便进行分析、整合和公开展示，既可预防资源泄漏，也有效降低了城市的能耗和成本。

迪比克是世界上第一个以智慧城市理念改造提升的成功案例，同一时期韩国在2004年提出"泛在城市计划"，新加坡在2006年启动"智慧国2015计划"，2009年日本开启"智慧城市计划"，2012年欧盟委员会开展"智慧城市和社区——欧洲创新伙伴行动"，全球范围内也开始涌现出一批充分利用互联网信息，从而更好理解和优化交通治理情况的智慧城市，如以射频识别和GPS辅助自行车管理的哥本哈根、以实时路况调整交通信号的里昂、以传感器引导大客车停放的巴塞罗那等。

智慧城市理念问世之初便得到我国政府的高度重视与关注，科学技术部在2009年即启动相关调研并积极谋划智慧城市试点工作，并在2010年11月与湖北省政府联合主办了"2010中国智慧城市论坛大会"。2012年12月5日住房和城乡建设部正式发布了

《住房城乡建设部办公厅关于开展国家智慧城市试点工作的通知》（建办科〔2012〕42号），并先后确定了三批共计290个城市（区）为国家级智慧城市试点。

2008～2014年是我国智慧城市初步探索阶段，主要由住房和城乡建设部重点推动，在政策引导方面大多以试点形式支持各地建设，大批城市出台了构建智慧城市的相关工作方案并付诸实践，为之后的多部门系统性推动智慧城市建设打下了坚实的基础。

2014年8月，国家发展改革委、工业和信息化部、住房和城乡建设部等8部委联合印发了《关于印发促进智慧城市健康发展的指导意见的通知》（发改高技〔2014〕1770号），提出智慧城市健康发展的四条基本原则，即"以人为本、务实推进，因地制宜、科学有序，市场为主、协同创新，可管可控、确保安全"，并提出建立由国家发展改革委、工业和信息化部、住房和城乡建设部等9部委组成的部际协调机制[①]。2015年3月5日十二届全国人民代表大会的政府工作报告将发展智慧城市作为新型城镇化中提升城镇规划建设管理水平的工作内容。

2014～2016年是我国智慧城市的规范发展阶段，信息化主管部门的加入使得智慧城市发展的顶层设计开始以信息化和数字化为主线。另外，伴随"互联网＋"概念的发酵，互联网头部企业也纷纷开始布局智慧城市，支付宝和微信都分别推出了各自的城市服务。

2016年11月，国家发展改革委办公厅、中央网信办秘书局、国家标准委办公室发布《关于组织开展新型智慧城市评价工作务实推动新型智慧城市健康快速发展的通知》（发改办高技〔2016〕2476号），提出"新型智慧城市是以创新引领城市发展转型，全面推进新一代信息通信技术与新型城镇化发展战略深度融合，提高城市治理能力现代化水平，实现城市可持续发展的新路径、新模式、新形态，也是落实国家新型城镇化发展战略，提升人民群众幸福感和满意度，促进城市发展方式转型升级的系统工程。"制定了"惠民服务、精准治理、生态依据"3个成效类指标，旨在客观反映智慧城市建设成效；"智能设施、信息资源、网络安全、改革创新"4个引导性指标，旨在发现极具潜力的城市，并明细了其中交通服务、城市服务、智慧社区、城市管理、

---

① 2016年智慧城市部际协调机制扩展至25个相关部门，新型智慧城市建设部级协调工作组由国家发展改革委、中央网信办、国家标准委、教育部、科学技术部、工业和信息化部、公安部、民政部、人力资源和社会保障部、国土资源部、生态环境部、住房和城乡建设部、交通运输部、水利部、农业部、商务部、国家卫生健康委员会、国家质检总局、食品药品监管总局、旅游局、中国科学院、中国工程院、证监会、国家能源局、测绘地理信息局25个相关部门组成。

时空信息平台等指标分项的评价方法和数据要求。

2021年10月，中共中央办公厅、国务院办公厅印发了《关于推动城乡建设绿色发展的意见》，要求推动城市智慧化建设，建立完善智慧城市建设标准和政策法规，加快推进信息技术与城市建设技术、业务、数据融合。

以2016年为起点，我国智慧城市建设迈入以数据为驱动，融合数字化、智能化、网联化、绿色化建设的新型智慧城市阶段，顶层设计不断优化，部际协同趋于完善且分工明确，各地也纷纷出台专项政策以保障建设有序推进，电信运营商、软件商、集成商和互联网企业齐聚，形成了产、学、研、用多元协作的智慧城市建设生态。随着我国城镇化水平和科技水平的不断提高，智慧城市已经由笼统的概念聚合转向具象的技术总集和场景总集，通信和传感器技术的不断进步将使城市的"感官"更加敏锐，人工智能和大数据技术的深度利用将使城市的"头脑"更加发达，汽车的电动化、智能化、网联化、绿色化也将改变城市的空间布局。诸多新兴技术的叠加与交叉不仅赋予城市新的能力，也对城市产生新的智慧化需求，智慧城市的内涵将不断丰富延展。

## 1.1.2 智能网联汽车发展历程

1939年的世界博览会上，通用汽车公司设计了一条名为"未来世界"（Futurama）的道路，路上行驶的小车安装的循环电路可以支持车辆接受无线电控制以实现无人驾驶。

1953年，美国巴雷特电子公司（Barrett Electronics）开发了世界上第一套带有自动驾驶属性的车辆引导系统AGVS（Automated Guided Vehicle System），起初用于超市的小型货物运输，而后被引入至机械加工和汽车装配流水线并在欧洲获得市场。借助电磁引导，搭载AGVS的自动引导车能够在某一位置自动进行货物的装载，再自行沿规定的导向路径行至另一位置自动卸货，并具备一定的安全保护功能。

20世纪80年代初，美欧等发达国家和地区开始进行与无人驾驶汽车相关的前沿研究。1986年迪克曼斯（Ernst Dickmanns）团队在戴姆勒公司的资助下研发出世界上第一款上路测试的无人车，安装了计算机、照相机和传感器的汽车成功行驶在德国巴伐利亚州的一段封闭高速上，以90km/h的速度通过了测试，同期，美国规划将无人驾驶技术应用于军事领域，美国国防部大规模资助无人驾驶汽车以实现在危险地带执行巡逻任务，其中ALV项目产出了世界上第一台采用激光雷达导航的无人车。此后，美国政府先后启动了三期计划，其中第三期计划Demo3以研制能够在越野路段行驶并能够躲避障碍物的无人车为目标，其研发成果也为一大批民用车辆带来技术提升。

相比于早期大多以概念车和试验车形式出现的智能化探索，汽车在网联化方向探索的技术转化明显更快更广。1962年，通用汽车为美国阿波罗计划研制惯性制导与导航系统，由此催生的车载导航和通信技术被视为车联网服务的开端；1966年，通用汽车推出了DAIR系统，提供信息服务、路径导航和救援功能。1997年，最早安装车联网系统OnStar的凯迪拉克车型问世，正式开启了车联网服务的商业化进程。同样在20世纪90年代，GPS全球定位系统开放民用后被迅速应用于汽车领域，1991年，东芝公司推出轿车导航系统，在一块可操作的GPS接收机上显示沿途饭店、旅馆和商店信息；1994年，索尼公司研发了搭载电子地图的汽车导航系统，可以支持接受无线电广播的交通流量信息。

2018年，丰田公司首次提出了"CAES"的汽车发展战略，即电动化、智能化、网联化和共享化，即目前行业广泛认可的汽车"新四化"。而在此之前的2015年，国务院已在《中国制造2025》中从国家战略层面提出了"智能网联汽车"概念，尤其强调要"掌握汽车低碳化、信息化、智能化核心技术"。2016年8月，国家质检总局、国家标准委、工业和信息化部联合印发了《装备制造业标准化和质量提升规划》（国质检标联〔2016〕396号），明确了智能网联汽车标准化工作，提出要"加快构建包括整车及关键系统部件功能安全和信息安全在内的智能网联汽车标准体系"。2020年2月，国家发展改革委、中央网信办、工业和信息化部、住房和城乡建设部等11部委联合发布了《智能汽车创新发展战略》（发改产业〔2020〕202号），明确到2025年的智能汽车发展战略愿景，即"到2025年，中国标准智能汽车的技术创新、产业生态、基础设施、法规标准、产品监管和网络安全体系基本形成。实现有条件自动驾驶的智能汽车达到规模化生产，实现高度自动驾驶的智能汽车在特定环境下市场化应用。智能交通系统和智慧城市相关设施建设取得积极进展，车用无线通信网络（LTE-V2X）等实现区域覆盖，新一代车用无线通信网络（5G-V2X）在部分城市、高速公路逐步开展应用，高精度时空基准服务网络实现全覆盖。"

随着汽车与5G、互联网、人工智能、大数据、物联网等技术快速融合，汽车产业正经历类似手机产业从功能机向智能机时代的迭代，其表现形态为功能不断拓展的智能网联汽车。激光雷达、毫米波雷达、摄像头等多种感知设备装车，大算力智能芯片正在成为智能网联汽车的标配，使得汽车成为移动的感知终端；借助多元感知设备，智能网联汽车也能依靠地图采集能力成为高精地图的测绘终端；车载通信设备的渗透率逐步提升，将赋予汽车更加先进的信息通信能力，成为手机以外的新型移动通信终端；随着汽车电池容量的逐步提升，汽车整体电能存储量将快速增长，也带给智能网联汽车成为城市内重要移动储能终端的潜力。汽车作为单纯机械式载人载物工具的属性逐步向综合性移动智能终端转变，数据显示2022年我国智能网联汽车产业规模已达到2556亿元，随着技术进步和社会接受度的提高，智能网联系统在我国汽车产业的装配率将在2025年达到83%的水平，未来发展前景将愈加广阔。

### 1.1.3 智慧城市基础设施与智能网联汽车协同发展价值

当前，汽车产业逐渐向电动化、智能化、网联化、服务化转型，是我国新型城镇化进程中不可忽视的重要组成部分；城市正推进基于数字化、网络化、智能化的基础设施建设，以更好地服务于人民出行和城市治理。两者在智能化大趋势下形成协同交点，汽车成为城市智能化建设重要的牵引力量，城市也为汽车转型提供丰富的应用场景。妥善处理智能网联汽车与智慧城市的关系，有利于探索汽车产业转型、城市转型、社会转型新路径（图1-1）。

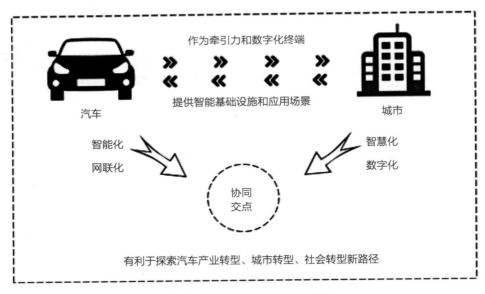

图1-1　车城协同发展具有重大价值

（资料来源：中国电动汽车百人会）

## 1.2 智慧城市基础设施与智能网联汽车协同发展必要性

### 1.2.1 智能网联汽车将成为支撑智慧城市建设的数字化移动终端

智慧城市建设需要以智能网联汽车为数字化移动终端。智慧城市是以数据为中心、由数据驱动的城市大数据生态系统。智能网联汽车可以成为智慧城市的数字化移动终端，助力打通数据壁垒，汇聚动静态数据。在智慧交通网中，汽车成为连接人与交通以及其他城市设施的新型智能终端。在智慧能源网中，汽车成为调节城市峰谷用电的新型储能节点。通过汽车广泛收集城市道路、交通、建筑的实时动态信息数据，促使城市数据更丰富、更智慧。

## 1.2.2 智慧城市也为智能网联汽车提供智能基础设施和应用场景

智能网联汽车依赖城市智能基础设施增强感知能力。智能网联汽车需要城市道路提供动静态感知信息，形成准确可靠的超视距感知体系，提升单车感知精度，助力实现自动驾驶。通过在城市道路路口和两侧布设毫米波雷达、智能摄像头、激光雷达等智能感知设备，对城市交通的静态和动态信息进行精确探测、感知和采集，细化车端和路端感知能力分工，补足单车智能感知盲点，为智能网联汽车提供必要的感知信息支撑，提高汽车的行驶效率和安全性（图1-2）。

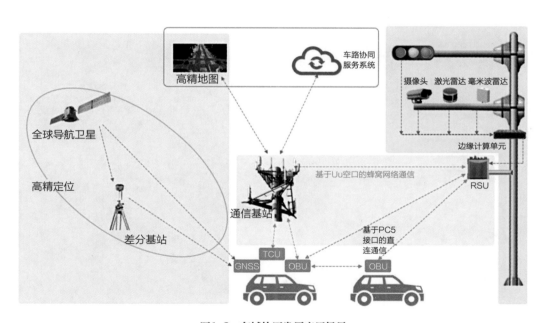

图1-2 车城协同发展应用场景

（资料来源：中国电动汽车百人会）

### 1.2.3 智慧城市基础设施与智能网联汽车协同将走出一条具有中国特色的转型路径

智慧城市基础设施与智能网联汽车协同发展（以下简称"双智"）将走出新时代具有中国特色智能网联汽车和智慧城市发展之路。"双智"建设是一项系统工程，涉及智慧城市基础设施的改造和建设、智能网联汽车的研发升级和推广应用。通过开展"双智"建设，以智慧城市为平台，以智能网联汽车为抓手，推动"汽车在城市应用场景中创新、城市在汽车带动下发展"，带动融合领域前沿技术发展，更有利于构建车城协同新体系，驱动生产生活方式变革，促进城市建设和汽车发展结合，为我国智能网联汽车和智慧城市协同发展探索特色路径。

# 第 **2** 章
## 政策措施

## 2.1　国家政策发布情况

近年来我国智慧城市和智能网联汽车相关政策见表2-1。

近年来我国智慧城市和智能网联汽车相关政策　　　　表2-1

| 时间 | 政策文件 | 部门 | 相关内容 |
|---|---|---|---|
| 2022年8月 | 《自然资源部办公厅关于做好智能网联汽车高精度地图应用试点有关工作的通知》（自然资办函〔2022〕1480号） | 自然资源部 | （1）在北京、上海、广州、深圳、杭州、重庆6个城市首批开展智能网联汽车高精地图应用试点。<br>（2）形成可在全国复制、推广的自动驾驶相关地图安全应用技术路径和示范模式 |
| 2022年7月 | 《"十四五"全国城市基础设施建设规划》（建城〔2022〕57号） | 住房和城乡建设部、国家发展改革委 | （1）推动城市基础设施智能化建设与改造。<br>（2）构建信息通信网络基础设施系统。<br>（3）开展智能化城市基础设施建设和更新改造、推进新一代信息通信基础设施建设、开展车城协同综合场景示范应用、加快推进智慧社区建设 |
| 2022年5月 | 《关于扎实推动"十四五"规划交通运输重大工程项目实施的工作方案》（交办规划〔2022〕21号） | 交通运输部 | 以推动交通运输高质量发展为主题，以数字化、网络化、智能化为主线，推动感知、传输、计算等设施与交通运输基础设施协同高效建设，实施交通运输新基建赋能工程 |
| 2022年5月 | 《关于做好疫情防控期间寄递服务保障工作的通知》（建办城函〔2022〕181号） | 住房和城乡建设部、国家邮政局 | 支持智能快件箱运营企业加强智能投递设施建设。在有条件的产业园区、高校、住宅小区等，鼓励推广使用无人车、机器人等新型投递方式 |
| 2022年4月 | 《"十四五"交通领域科技创新规划》（交科技发〔2022〕31号） | 交通运输部、科技部 | 布局交通基础设施长期性能科学观测网建设工程、交通基础设施数字化工程、交通运输装备关键核心技术攻坚工程、智能交通先导应用试点工程、北斗导航系统智能化应用工程等7项科技工程 |

| 时间 | 政策文件 | 部门 | 相关内容 |
|------|---------|------|---------|
| 2022年4月 | 《关于试行汽车安全沙盒监管制度的通告》（2022年第6号） | 市场监管总局、工业和信息化部、交通运输部、应急管理部、海关总署 | 启动汽车安全沙盒监管试点工作，鼓励企业在不完全掌握产品风险时，自愿开展进一步测试，最大限度地防范产品应用风险 |
| 2021年12月 | 《关于确定智慧城市基础设施与智能网联汽车协同发展第二批试点城市的通知》（建城函〔2021〕114号） | 住房和城乡建设部、工业和信息化部 | 确定重庆、深圳、厦门、南京、济南、成都、合肥、沧州、芜湖、淄博10个城市为智慧城市基础设施与智能网联汽车协同发展第二批试点城市 |
| 2021年10月 | 《关于推动城乡建设绿色发展的意见》 | 中共中央、国务院 | （1）推动城市智慧化建设。建立完善智慧城市建设标准和政策法规。<br>（2）加快发展智能网联汽车、新能源汽车、智慧停车及无障碍基础设施 |
| 2021年4月 | 《关于确定智慧城市基础设施与智能网联汽车协同发展第一批试点城市的通知》（建城函〔2021〕51号） | 住房和城乡建设部、工业和信息化部 | 确定北京、上海、广州、武汉、长沙、无锡6个城市为智慧城市基础设施与智能网联汽车协同发展第一批试点城市 |
| 2021年3月 | 《加快培育新型消费实施方案》（发改就业〔2021〕396号） | 国家发展改革委等28个部门 | （1）协同发展智慧城市与智能网联汽车，打造智慧出行平台"车城网"。<br>（2）加快全国优势地区车联网先导区建设，探索车联网（智能网联汽车）产业发展和规模部署 |
| 2021年2月 | 《国家综合立体交通网规划纲要》 | 中共中央、国务院 | （1）推进智能网联汽车（智能汽车、自动驾驶、车路协同）应用。<br>（2）推动智能网联汽车与智慧城市协同发展 |
| 2020年11月 | 《关于组织开展智慧城市基础设施与智能网联汽车协同发展试点工作的通知》（建办城函〔2020〕594号） | 住房和城乡建设部、工业和信息化部 | 鼓励城市围绕智能化基础设施、新型网络设施、"车城网"平台、示范应用及标准制度五个方面展开建设 |
| 2019年9月 | 《交通强国建设纲要》（国务院公报 2019年第28号） | 中共中央、国务院 | （1）加强智能网联汽车（智能汽车、自动驾驶、车路协同）研发，形成自主可控完整的产业链。<br>（2）大力发展智慧交通。推动大数据、互联网、人工智能、区块链、超级计算等新技术与交通行业深度融合 |
| 2019年7月 | 《数字交通发展规划纲要》（交规划发〔2019〕89号） | 交通运输部 | （1）推动自动驾驶与车路协同技术研发，开展专用测试场地建设。<br>（2）鼓励物流园区、港口、铁路和机场货运站广泛应用物联网、自动驾驶等技术 |

（资料来源：中国电动汽车百人会智能网联研究院整理）

## 2.2　地方政策发布情况

近年来我国地方城市智慧城市和智能网联汽车相关政策见表2-2。

近年来我国地方城市智慧城市和智能网联汽车相关政策　　　表2-2

| 城市 | 时间 | 政策文件 |
| --- | --- | --- |
| 北京 | 2021年11月 | 《北京市智能网联汽车政策先行区自动驾驶出行服务商业化试点管理实施细则（试行）》 |
| | 2022年4月 | 《北京市"十四五"时期交通发展建设规划》 |
| | 2021年4月 | 《北京市智能网联汽车政策先行区总体实施方案》 |
| 上海 | 2022年6月 | 《上海市数字经济发展"十四五"规划》 |
| | 2021年2月 | 《关于本市"十四五"加快推进新城规划建设工作的实施意见》 |
| | 2021年1月 | 《关于全面推进上海城市数字化转型的意见》 |
| 广州 | 2022年7月 | 《广东省数字经济发展指引1.0》 |
| | 2022年12月 | 《广东省智能网联汽车道路测试与示范应用管理办法（试行）》 |
| | 2021年3月 | 《关于印发广州市车联网先导区建设首批技术规范的通知》 |
| 武汉 | 2022年4月 | 《武汉市数字经济发展规划（2022—2026年）》 |
| | 2020年12月 | 《武汉市加快推进新型智慧城市建设实施方案》 |
| | 2020年6月 | 《武汉市新型智慧城市顶层规划（2020—2022）》 |
| 长沙 | 2022年6月 | 《长沙市智能网联汽车道路测试与示范应用管理细则（试行）V4.0》 |
| | 2022年5月 | 《湖南省5G应用"扬帆"行动实施方案（2022—2024年）》 |
| | 2020年12月 | 《长沙市新型智慧城市示范城市顶层设计（2021—2025 年）》 |
| 无锡 | 2022年7月 | 《智能网联道路基础设施建设指南 第1部分：总则》 |
| | 2022年9月 | 《无锡市智能网联汽车道路测试与示范应用管理实施细则》 |
| | 2021年6月 | 《无锡市道路品质提升细则》（2021版） |

（资料来源：中国电动汽车百人会智能网联研究院整理）

# 第3章

## 国内外发展现状

### 3.1　国外发展现状

#### 3.1.1　美国

美国自动驾驶战略以保护技术创新为原则，不干涉技术路线的选择。2020年1月美国交通部发布名为"自动驾驶4.0——确保美国在自动驾驶技术方面的领导地位"的计划，旨在确保美国在自动驾驶领域的技术领先地位，从三个方面明确了自动驾驶技术的十大原则：在保护用户与群体方面，一是安全优先，二是强调技术与网络安全，三是确保隐私与数据安全，四是强化机动性与可及性；在促进市场高效运行方面，一是保持技术中立性，二是保护美国的创新成果，三是法规现代化；在统筹协调方面，一是标准与政策统一化，二是联邦方针一致化，三是运输系统高效化。支持自动驾驶汽车数据交换的通信基础设施也列入美国优先发展事项，自动驾驶汽车4.0中提出：补充自动驾驶汽车技术能力的无线技术是本届政府的优先事项。高速通信支持车对车（Vehicle-to-Vehicle，V2V）和车对各类设备（Vehicle to Everything，V2X）环境数据交换，允许自动驾驶汽车接收和发出超出其车载传感器物理范围的数据。

美国政府中许多机构投资于支持自动驾驶的多样化基础设施研发。利用现有基础设施并探索新的基础设施，使自动驾驶汽车发挥最大潜能，有助于创业和创新。能源部（DOE）开发了高效计算基础设施，用于自动驾驶汽车软件的建模和仿真、感知、规划和控制；联邦机动车运输安全管理局（FHWA）与智能交通系统联合项目办公室（ITS JPS）协作，支持自动驾驶汽车行驶区域的数据交换（WZDx）计划，为自动驾驶汽车纳入美国的道路系统提供助力。经过多年发展，美国已培育出Waymo、Cruise、Aurora、Argo AI、Uber等众多自动驾驶产业链知名企业。

2022年3月美国交通部国家公路交通安全管理局（NHTSA）针对原有的《联邦机

动车安全标准》（FMVSS）中涉及乘员保护的相关事项颁布新规《无人驾驶汽车乘客保护规定》，该文件提出：自动驾驶汽车制造商不再需要为全自动汽车配备手动控制系统（方向盘、刹车踏板等）以满足碰撞标准，在强调自动驾驶汽车必须提供与传统汽车同等的乘员保护前提下，不再要求其必须设有人类驾驶员座位。截至2022年3月，美国已有39个州允许自动驾驶汽车上路测试。

在商业化运营方面，2022年6月22日美国通用旗下自动驾驶公司Cruise正式在美国旧金山西北部开展无安全员的自动驾驶出租车收费服务，首次投放30辆Cruise AV（Cruise公司研发的无安全员自动驾驶出租车），运营时间为夜间10时至次日上午6时。据官方介绍，一名乘坐2km车程的乘客需要支付8.72美元（约合人民币58元），在相同路程下，传统网约车至少需要10.41美元（约合人民币70元）。

### 3.1.2　欧洲

得益于欧盟推动下的欧洲交通一体化政策，欧洲各国在智慧交通和智慧化道路改造方面的探索，展现了高度的协同性和规模效应。1996年7月，欧盟正式通过了《跨欧交通网络TEN-T开发指南》（Trans-European Transport Networks），标志着欧盟开始采取一系列措施，致力于通过交通信息化促进信息社会的发展，致力于开发跨国界的服务。该指南明确了智能交通有效提高道路交通效率、改善安全状况和实现可持续发展的作用。在顶层设计方面，欧洲道路交通研究咨询委员会ERTRAC（European Road Transport Research Advisory Council）汇集了来自产业、研究机构以及公共监管部门的专业人员，为欧洲道路运输研究制定共同愿景，该技术平台的"网联与自动驾驶工作组"在2015年发布网联自动驾驶路线图，并每两年更新一次。在2019年的路线图中，该组织定义了自动驾驶的基础设施支持级别（图3-1）。

在2021年10月欧洲道路交通研究咨询委员会最新发布的更新版草案《网联、协同、自动驾驶路线图》（Connected, Cooperative and Automated Mobility Roadmap）中的"2030年应用目标"一章，划分了4个主要应用领域：高速公路和跨国走廊、封闭区域、城区混合交通和乡村道路，并分别阐释了4个领域的概述、价值动机、社会效益、应用场景、关键因素、需统一的标准和待完善的法规（图3-2）。

2019年6月，沃尔沃、宝马、奔驰和福特4家车企，以及Here和Tom Tom两家导航服务供应商联合启动了一项泛欧试点项目——共享基础设施和汽车产生的交通安全数据，以及由此类匿名数据产生的道路安全相关服务。该项目将从荷兰开始，持续12个月，之后将扩展至德国、西班牙、芬兰、瑞典和卢森堡等国家。

| | 分级 | 名称 | 描述 | 可提供给自动驾驶车辆的数字化信息 | | | |
|---|---|---|---|---|---|---|---|
| | | | | 具有静态道路标识的数字化地图 | 可变信息交通标志牌，告警、事故、天气 | 微观交通情况 | 导航：速度、间距、车道建议 |
| 数字化基础设施 | A | 协同驾驶 | 基于车辆移动的实时信息，基础设施可以引导自动驾驶车辆（单车或编队）实现全局交通优化 | √ | √ | √ | √ |
| | B | 协同感知 | 基础设施可以感知微观交通情况，并实时提供给自动驾驶车辆 | √ | √ | √ | √ |
| | C | 动态数字化信息 | 所有动态和静态基础设施信息可以通过数字化形式获取并提供给自动驾驶车辆 | √ | √ | | |
| 传统基础设施 | D | 静态数字化信息/支持地图 | 可获取包含静态道路标识的数字化地图数据。地图数据可通过物理参考点（地标标识）补充。而交通信号灯、短期道路工程和可变信息交通标志牌需要自动驾驶车辆识别 | √ | | | |
| | E | 传统基础设施/不支持自动驾驶 | 无数字化信息的传统基础设施。自动驾驶车辆需要识别道路线形和道路标识 | | | | |

图3-1　自动驾驶的基础设施支持级别（Infrastructure Support Levels for Automated Driving）

[资料来源：欧洲道路交通研究咨询委员会,《网联自动驾驶路线图》(2019)]

**高速公路和跨国走廊**

- 最可能实现无驾驶员责任的无人驾驶产业化解决方案。
- 应用场景包括L3级别的赛车和高速公路自动驾驶，以及L4级别的安全跟车和跨国走廊的枢纽间运输等。
- 展现网联协同自动驾驶在增强安全性、减轻驾驶员工作量和改善交通流等方面的价值。
- 需要具备L2～L4能力的经济型车型，完善的基础设施，高效完善的验证体系，以及自动驾驶相关功能、车辆、基础设施和通信技术的标准化。

**封闭区域**

- 封闭区域通常只允许经过授权的车辆和人员进入，车辆通常以较低的速度运行，也可能有特定的交通法规。适合更早引入L4级车辆。
- 应用场景包括L4级别的自动泊车、低速摆渡车、站内巴士和场站内的无人卡车。
- 需要进一步保障感知可靠性，推进用例统一以进一步降低成本并加速落地推广，封闭区域内的安全法规也需要完善。

**城区混合交通**

- 实现社会目标的最重要组成部分，关键问题是如何将自动驾驶集成到多式联运系统中。
- 要实现提升交通安全性、交通效率、环保性和社会包容性等价值，需要提升感知能力、V2X车队管理、城市高精地图、场景数据库及工具链等促成要素。
- 应用场景将根据运行设计域的升级拓展和特定功能的基础设施跟部署而逐步落地，主要包括L4级别的自动泊车、专用车道、末端配送、固定路线的公交车和特定路网的柔性路权出租车等。

**乡村道路**

- 兼具高速行驶和复杂交通状况的最大挑战，但也最具潜在杠杆效应。
- 自动紧急制动、车道偏离警告、自适应巡航以及转向和车道控制辅助等应用是乡村道路较低水平自动驾驶应用的典型场景。
- 亟须商业应用相关系统和功能接入，低成本和较少依赖基础设施的智能网联车，乡村公路地图信息、交通信息和非固定基础设施，以及模拟验证和场景信息库。

图3-2　"2030年应用目标"的4个主要应用领域

[资料来源：欧洲道路交通研究咨询委员会,《网联、协同、自动驾驶路线图》(2021)]

相比于智慧交通和车路协同相关建设，因欧洲各国汽车产业发展水平各异且对自动驾驶的法律法规不一，在智能网联汽车方面的策略也有不同的侧重，其中德国政府对基础设施的重视以及英国在自动驾驶汽车上路相关法规的动态调整尤其值得关注。

德国将基础设施纳入发展自动驾驶的5大重点行动领域（图3-3）之一，重点规划了三个方面的内容：一是建设数字基础设施，包括进一步提升网速和带宽，提升通信网络在高速道路上的覆盖率，加快5G网络部署等具体目标。二是制定智慧道路标准，和企业、高校合作开展相关实验测试，制定满足自动化和互联化驾驶要求的智慧道路标准，并在未来的道路建设、维护与升级中实施。三是进一步推动车辆与基础设施的互联互通，包括交通出行数据、智能交通标志标识、高精地图等，通过基础设施为自动化和互联化驾驶车辆提供准确实时的交通信息。

**图3-3　德国发展自动驾驶的5大重点行动领域**
（资料来源：《自动化和互联化驾驶战略》，中国电动汽车百人会整理）

德国联邦交通与数字基础设施部（BMVI）为德国自动驾驶的主要推动部门。由BMVI发布了《自动化和互联化驾驶战略》，并建立跨部门协同机制，推动自动驾驶加速落地（表3-1）。

德国基础设施建设中部分职责划分　　　　　　　　　　　　　　　　　　表3-1

| 工作内容 | 负责部门 |
| --- | --- |
| 建立监管框架 | 联邦交通部，建筑与城市发展部门 |
| 为路侧ITS设施筹集资金 | 联邦政府，联邦州政府，地方政府 |
| 远程通信设施规划 | 联邦州政府，地方政府 |
| 交通管理系统的建设和运行 | 联邦州政府，地方政府 |
| 提供车辆 | 整车企业（OEM） |
| 交通状况检测设备的建设与运行 | 联邦州政府，地方政府，私营服务提供商 |

| 工作内容 | 负责部门 |
|---|---|
| 信息服务的开发和运营 | 广播公司，私营服务提供商，汽车工业，公共交通部门，其他组织和运营商 |
| 信息传输 | 通信网络运营商，广播公司 |

（资料来源：《自动化和互联化驾驶战略》，中国电动汽车百人会智能网联研究院整理）

英国是世界上最早开征汽车强制责任保险的国家之一，在应对自动驾驶技术印发的权责问题时，政策调整也较为及时，展现出明显的立法先行特征。2018年7月，英国正式通过了《自动与电动汽车法案》（Automated and Electric Vehicles Bill），法案对有关自动驾驶汽车所有人和保险人的保险与责任问题做出了专门规定，也使自动驾驶汽车能够承保与传统车辆相同的机动车强制责任保险条款。2022年1月，英格兰威尔士法律委员会联合苏格兰法律委员会发布了《关于修改法律以允许引入自动驾驶车辆的报告》（Legal Reforms to Allow Safe Introduction of Automated Vehicles Announced），该联合报告涉及自动驾驶和辅助驾驶的功能区分和立法、自动驾驶车辆的常规上路许可审批和额外的自动驾驶功能授权、自动驾驶车辆的全生命周期监控、对生产商和经销商因误导性宣传或信息不完全披露而导致事故的刑事责任判定等方面的法规修订建议。

2022年4月25日，英国交通部发布了最新的《公路法》修改方案并提交议会。该法规修改建议明确：只要车辆保持在一条车道上且时速低于60km/h，司机在车辆自动驾驶状态时可以通过车辆内置的信息娱乐设备观看与驾驶无关的内容，但不得使用手机或类似手持设备；司机仍必须做好在需要时收回车辆控制权的准备；若汽车在处于自动驾驶模式时发生事故，保险公司将对此负责，司机不承担责任。

### 3.1.3　韩国

韩国提出同时推动传感器为中心的单车型和依托通信的网联型自动驾驶技术发展。2019年10月，韩国发布《未来汽车产业国家发展规划》和《未来汽车产业发展战略》，提出2027年率先实现无人驾驶商用化、2030年成为未来型汽车世界强国的目标。

《未来汽车产业国家发展规划》同时指出，韩国将于2024年在韩国主要路段完善无人驾驶4大核心基础设施，在道路建筑、通信设施、高精地图、交通管制领域做好准备工作，如图3-4所示。根据《未来汽车产业发展战略》，政府将投资2.2万亿韩元用于推动自动驾驶产业发展，其中1万亿韩元用于相关基础设施建设。在道路建设和

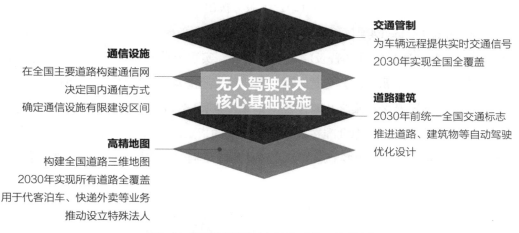

**通信设施**
在全国主要道路构建通信网
决定国内通信方式
确定通信设施有限建设区间

**无人驾驶4大核心基础设施**

**交通管制**
为车辆远程提供实时交通信号
2030年实现全国全覆盖

**道路建筑**
2030年前统一全国交通标志
推进道路、建筑物等自动驾驶
优化设计

**高精地图**
构建全国道路三维地图
2030年实现所有道路全覆盖
用于代客泊车、快递外卖等业务
推动设立特殊法人

**图3-4　韩国提出构建无人驾驶4大核心基础设施**
（资料来源：《未来汽车产业发展战略》，中国电动汽车百人会整理）

通信设施方面，做到优先建设特定区域的通信基础设施、推进道路与建筑物自动驾驶优化设计，以保证自动驾驶车辆网络顺畅，提升道路交通传感识别率，道路路况适合自动驾驶车辆行驶。

在自动驾驶测试示范方面，韩国于2017年底开放了占地36万㎡的自动驾驶汽车测试设施——K-City。2021年11月，韩国首个无人驾驶汽车试点在首尔麻浦启动，旨在通过城市循环型无人驾驶巴士，促进自动驾驶出行服务商用化并带动构建首尔全域自动驾驶基础设施。

2022年6月，韩国首尔市政府与韩国国土交通部宣布在首尔市江南区正式启动自动驾驶出租车服务，在为期2个月的试运行后，于8月面向公众开放。该项目共投放4辆由现代汽车提供动力的自动驾驶出租车"RoboRide"，行驶范围覆盖48.8km（计划在2023年扩大到76.1km），将是全球首例在繁华地区大范围面向公众提供长期出行服务的自动驾驶出租车示范运营项目，同期在江南区投入运营的还包括11台无人配送车和1台无人巡逻机器人。

### 3.1.4　日本

日本政府在推动自动驾驶汽车发展时政企分工明确。日本政府在推动自动驾驶汽车发展时，对企业的干预有限，主要侧重于为企业创造良好的制度环境。政府集中在宏观决策和政策服务职能上，主要扮演外部环境保障和统筹协调的角色，不干涉技术研发，具体的技术研发工作则由企业、协会共同承担，研究成果共享。

在2021财年，日本政府为发展自动驾驶服务拨出了约60亿日元（约5500万美元）的专款，包括Road to the L4项目（L4级别自动驾驶出行服务研发与普及应用项目）。Road to the L4项目旨在通过实现和普及L4级自动驾驶，实现节能减排，解决移动出行服务挑战，构建可持续发展的社会交通体系，推动日本经济发展。2022年1月，日本警察厅提出将在农村地区及老年乘客相对广泛的地区，推行L4级自动驾驶汽车的许可制度议案，且日本有关部门已考虑批准在人口较少地区的指定路线上运行自动驾驶公交车，到2025年，日本将在全国40多个地区扩大自动驾驶车辆的使用。如图3-5、表3-2所示。

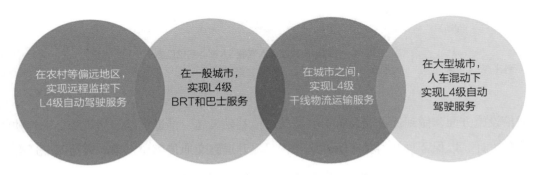

**图3-5　日本提出4类交通场景下的愿景目标**

（资料来源：《实现和普及自动驾驶的行动方针》，日本经济产业省、国土交通省）

日本L4级别自动驾驶出行服务研发与普及应用项目（Road to the L4）4项主要任务　　表3-2

| | |
|---|---|
| Road to the L4 4项主要任务 | 实现和普及L4级自动驾驶出行服务，采用技术开发、研究分析和示范应用等方式，探索自动驾驶在不同场景的发展路径，以及智能网联汽车与城市道路基础设施、高速公路的融合发展，推动L4级智能网联汽车在日本全境推广普及 |
| | 利用IoT、AI等技术并结合地区特点和服务形式，推广MaaS出行服务，筛选解决当地人口老龄化、最优物流配送等社会问题的典范案例在全国推广 |
| | 构建人才培养体系，形成自动驾驶领域所需人力资源体系和有效开发方法，以实现与各地自动驾驶出行服务安全保障、运营等发展需求相匹配的人才供给；同时培养熟悉自动驾驶各个领域以及跨领域的新技术和服务的跨界人才 |
| | 从社会接受度调查和统筹梳理民事责任两个方面提升民众对自动驾驶的社会接受度，立足用户角度，通过测试示范展示L4安全性，提高社会公众的理解与兴趣，促使出行行为改变 |

（资料来源：《实现和普及自动驾驶的行动方针》，日本经济产业省、国土交通省）

2021年2月23日，日本丰田公司正式启动"Woven City"（编织城市）施工建设，选址位于日本静冈县裾野市的丰田东富士工厂旧址，占地面积约71万m²，由氢能和太阳能等新能源提供电力供给，整座城镇将于2025年对外开放，预计将容纳2000人左右。据丰田公司发布介绍，Woven City将基于4类智慧道路以井字形构建：用于自动驾驶汽车的专用道路、私家车车道、行人专用道和用于运输货物的地下道路，开展自动驾驶、数字孪生、人工智能、物联网、5G通信等多领域的试验活动，涉及智慧交通、智能家居、智慧楼宇、无人配送和无人清扫等多个场景。在Woven City中，丰田将部署丰田移动出行服务平台（MSPF），由车辆端和乘客端共同构成，以减少乘客等候时间和路面拥挤。

## 3.2　国内发展现状

### 3.2.1　新一代车路协同技术体系基本成型

现阶段我国已形成以人、车、路、物、云为架构的车路协同体系并得到广泛认可和实践验证，通过构建"聪明的车""智慧的路""强大的云"，城市级的新一代车路协同框架已逐步形成共识。

1. 汽车

车企将智能化、网联化作为重点研发方向，L1和L2级智能化汽车、搭载车联网功能汽车占比快速提升。2022年1～12月L2级乘用车上险量累计694.08万辆，同比增长45.6%，渗透率达34.9%，较2021年增加11.4个百分点。

《智能网联汽车技术路线图2.0》规划到2025年L2、L3级智能汽车渗透率达到50%，2030年超过70%；2025年C-V2X（Cellular-Vehicle to Everything，蜂窝车联网）终端新车装配率达50%，2030年基本普及。

2. 道路

通过为汽车提供边缘计算和感知冗余，提升驾驶安全和交通效率。前几年各城市主要新建支持自动驾驶的高配置智能化基础设施，如激光雷达、毫米波雷达、摄像头，实现基础设施建设一步到位。现阶段逐步形成分阶段推进的方案，优先推进关键路口、危险路段智能化改造，通过"新建+利旧"道路设施的建设模式，大幅降低初期投资成本。

3. 平台

通过对汽车和基础设施统一调度处理，推动应用落地。各地推动车路协同试点示范过程中，平台建设已形成共识，如北京市、上海市、武汉市等通过建设架构基本一致的平台实现对道路基础设施和汽车的统一调度管理。平台从最初只支持智能网联汽车，拓展到支持交通和城市管理，功能越来越强大，支持应用越来越丰富。

## 4．通信

根据实现车城信息交互、数据实时传输、计算处理等基本要求，为车辆接入、RSU设备组网及传感设备接入、多级MEC部署及多云互联、系统运行算力需求等，提供普遍、有效的保障。信息基础设施，既是LTE-V2X PC5和5G Uu两种主要无线通信技术的融合，也是无线通信与有线通信的融合，以及通信与云计算平台的融合，运营商5G/MEC网络则将成为未来融合信息基础的重要底座。车路协同需要高可靠性、低时延、大带宽的C-V2X网络支撑。前几年车路协同重点支持自动驾驶，过度关注基于5G的V2X技术，但由于5G网络尚不稳定，暂时不具备规模化、高等级自动驾驶落地条件。当前，行业在普遍使用LTE-V2X PC5接口，而5G Uu接口则因时延、带宽、网络架构等多方优势开始普及应用，二者正呈现加速融合的趋势。

## 5．高精地图

具有提升感知能力、辅助定位、辅助路径规划功能，凭借高精地图的辅助，车辆可以通过目标匹配实现车道级精准定位，提升定位精度。在产业进展方面，百度、高德、四维图新等头部图商通过集中制图已完成全国主要高速公路、城市快速路约30万km的高精地图绘制，可支持L3级自动驾驶应用落地。部分城市亦通过众包制图模式推动车路协同用高精地图的探索。

### 3.2.2　中国的车路协同在全球独树一帜

#### 1．我国在基础设施建设领域存在优势

在传统汽车制造方面，德国宝马、戴姆勒、奥迪等品牌占据全球豪华车70%以上的市场份额，日本车企及美国车企销量位列前十，中国车企竞争力相对较弱。在零部件制造方面，日本、美国、德国占据全球主要市场，中国长期处于技术追赶阶段。但在基础设施建设方面，国外受制于部门协同难度大及各类政策条框，基础设施建设推进缓慢。

#### 2．我国的通信基础设施建设快速推进

我国汽车市场具有单车价格低，总体基数大的特点，叠加我国集成电路产业基础薄弱，以单车智能路线发展汽车产业将受限于市场规模和产业技术迭代升级等方面的因素。基于我国在通信网络设施以及应用场景方面的优势，政府跨部门协同快速响应及产业政策落地快的机制，以及政府主导基础设施建设可快速推进的特点，通过车路协同路线推动智能网联汽车产业在特定场景落地，成为我国智能网联汽车产业实现换道先行的关键。

### 3．我国的车路协同应用进展全球领先

我国已形成比较完善的车路协同产业体系，为产业发展提供了基础支撑。在感知设备方面，我国企业已实现激光雷达规模化装车测试及路侧应用，摄像头在各地示范区应用后性能得到验证。在高精地图及定位方面，国内主要图商及科技公司已绘制完成全国主要高速公路和城市道路的高精地图，北斗定位实现全球覆盖并得到规模化应用。在通信产业方面，我国具备完整的通信设备全产业链制造能力，通信网络实现全国覆盖，为车路协同提供基础网络支撑。在计算芯片方面，国内芯片企业和车企建立广泛合作，国产芯片应用取得良好效果。各产业技术的进步为车路协同提供了良好的土壤，使得国内企业可以进行多元化的车路协同建设、运营方案探索。

我国具备丰富的应用场景，可供不同企业探索多样化技术路线。第一，我国拥有全球最复杂、里程最长的道路网络，有高速公路、城市道路，山地、寒冷、高温地区，以及停车场、停车库等多种场景；第二，我国矿山、港口、园区众多，对于多元化的运输需求强烈，可为企业提供港口货运、矿区驾驶、园区摆渡、物流配送等多样化的应用测试场景，充分探索不同方案的技术路线；第三，我国城市道路交通复杂，私家车驾驶习惯多元化，并拥有公交车、环卫车、渣土车等市政和重点车辆，以及快递车辆、外卖电单车等高频高危险交通参与者，复杂的路况和驾驶习惯有助于企业更好地迭代自身技术。

# 2

## 建设篇

第 **4** 章

# 总体思路

　　"双智"协同发展以加强智慧城市基础设施建设、实现不同等级智能网联汽车在特定场景下的示范应用为目标，坚持需求引领、市场主导、政府引导、循序建设、车城协同的原则，同时服务于智能网联汽车和智慧城市发展需求，规划建设城市智能基础设施，搭建汇聚动静态数据的车城网平台，开展面向智能网联汽车和智慧城市的示范应用，推动智能网联汽车和智慧城市相关领域的关键技术和产业发展，未来打造集技术、产业、数据、应用、标准等于一体的"双智"协同发展体系（图4-1）。

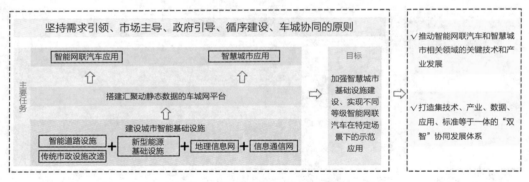

**图4-1 "双智"协同发展总体思路**

（资料来源：中国电动汽车百人会）

　　坚持需求引领，"双智"建设与信息通信、大数据、云计算等新兴产业息息相关，技术更新迭代速度快，要坚持需求引领的发展思路，现阶段优先服务有人驾驶，防止盲目投资造成基础设施资源浪费。坚持市场主导，支持更多市场化主体如电信运营商、科技公司、地方国有企业等参与基础设施投资建设运营，减轻政府负担，形成可持续发展的商业闭环。坚持政府引导，"双智"建设正处于初期探索阶段，需要发挥好政府引导作用，通过试点示范，完善保障措施，形成多方协作的建设机制。坚持循序建设，优先在路口、危险路段、封闭区域等建设智能基础设施，成熟后再进行更

大规模的推广，确保取得应用成效。坚持车城协同，推动形成智慧城市基础设施与智能网联汽车相互支持、相互促进的良性循环。

准确把握"双智"建设重点内容。现阶段城市开展"双智"建设主要包括4个方面的内容，一是建设城市智能基础设施，推进道路智能化终端感知设备设施、能源设施、定位设施、通信设施等基础设施建设；二是建设标准统一、逻辑协同、开源开放、支撑多类应用的车城网平台，广泛汇聚城市运行的动态和静态数据；三是开展多样化示范应用，在有条件区域部署智能公交、智能环卫、智慧物流、无人驾驶出租车，探索城市智能化防灾、城市巡检等面向智慧城市管理的示范应用；四是完善标准制度，建立完善智能网联汽车与智慧城市基础设施相关技术标准体系，推动出台智能网联汽车在城市中开展测试示范、商业运营的相关法律法规及制度文件。

第 **5** 章

# 建设融合发展的智慧城市基础设施

智慧城市基础设施建设应当按照智能网联汽车不同发展阶段的要求进行规划，从而使道路智能化可快速应用，避免出现建设就落后或者建设无人用等问题。智慧城市基础设施建设主要包括4个方面：一是建设适配智能网联汽车发展的交通基础设施，初期可聚焦支持辅助驾驶，未来探索建设高等级智能道路以助力实现无人驾驶；二是建设智能化、网联化、多元化、清洁化的新型能源基础设施；三是建设包括高精地图在内的高精定位基础设施；四是建设支持车城互联的现代信息通信网。

## 5.1 交通基础设施

### 5.1.1 建设内容及范畴

交通基础设施是"双智"建设重要的一部分，通过交通基础设施与智能网联汽车装载的视频、激光、毫米波雷达等感知设备交互，可支撑构建车城感知体系。"双智"背景下的交通基础设施主要包括交通流量采集、道路视频监控、路口信号控制等传统感知设备，以及激光雷达、毫米波雷达、电子标识、信源感知等新型感知设备，支撑实现道路交通状态的全息感知（图5-1）。

#### 1. 摄像头

路侧摄像头（图5-2）从识别原理上分为单目和双目；从形态上可以分为球机、半球机、枪机、筒机等；按照功能应用可以分为视频监控和应用摄像机。路侧摄像机通常都是固定安装在路侧道路设施上，用于对车辆、非机动车、行人等目标的检测和定位。视频感知的本质是利用摄像头和图像处理单元来模拟人的视觉行为，从而得到路侧环境中的目标信息。从识别原理上来看，识别算法单元根据识别需求完成对路侧单元周边的车辆、非机动车、行人等交通参与者的类别和分布状态的识别，其基本指标包括适用的气象条件、可同时识别目标类型、检测率、探测范围、定位误差、焦

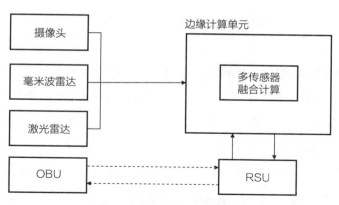

图5-1　路侧交通基础设施框架

（资料来源：希迪智驾，中国电动汽车百人会，北京万集科技股份有限公司）

图5-2　各类路侧摄像头图例

（资料来源：公开信息，中国电动汽车百人会整理）

距、分辨率等。

基于路侧安装的摄像头，能够主动获取各个关键节点处的视频流数据，对观测方向区域内的车辆、行人等环境实现全局获取，该类数据一方面将通过数据处理和分析生成相应的警示信息实现路—车发布和路—云上报；另一方面，该视频流也能够搭载于短距离无线通信方式和特殊协议实现视频流的传输。即将驶入该区域的车辆能够实时接收到前方路况视频信息，为驾驶员提供实时有效的路况信息。通过路段的感知，可以基于原有监控系统获取道路总体交通路况，通过视频图像检测技术可以为道路路况分析、交通大数据、交通规划等提供可靠的数据依据。

2．毫米波雷达

毫米波雷达的工作原理通过振荡器产生线性调频连续波或三角波，经由发射机发射，再由天线定向辐射出去，在空间以电磁波形式传播，当遇到目标时反射回来。接收机接收目标反射信号，再经过信号处理、数据处理即可得到单个目标的距离、方位、相对速度等信息，又可以检测车流平均速度、车流量、车道占用率、排队长度和时间分析。毫米波雷达根据目标回波特征进行目标特征提取和分类，主要技术有基于极化信息的特征提取技术、基于融合通信（Rich Communication Suite，RCS）的特征提取技术、基于一维高分辨率的特征提取技术、基于目标微动特征的提取技术。

毫米波雷达相较其他感知设备具有更强的雾、尘穿透能力以适应全天候，具有较强的测试及测距能力；但毫米波雷达对静态目标与行人、非机动车等交通参与者检测效果较差，易产生虚报。当前的毫米波雷达发展趋势为采用更大的天线阵来达到更好的角度分辨率，用更大的带宽达到好的距离分辨率，弥补现有毫米波雷达技术在探测精度方面的不足。

路侧场景需求具备全天候、低成本和高性能的雷达产品，因此4D成像毫米波雷达也正在进入V2X路侧的感知设备市场。4D雷达和视频在点云像素级融合后，更可以充分发挥各自传感器的优势，对各种移动和静止的大小车辆、摩托车、行人以及其他目标进行精确分类和连续追踪。实时提供目标的3D位置、速度、大小、航向等多维度信息。

### 3. 激光雷达

激光雷达分类多样，按线束可以分为单线及多线激光雷达；以扫描方式看，激光雷达分为机械式、半固态和固态式；激光雷达整体技术由运动式向固态演进，呈现体积小型化、部件固态化趋势。雷达以激光为信号源，由激光器发射出的脉冲激光打到周围物体上引起散射，通过接收器接收光波反射时间进行测距，具有测量速度快、抗强光干扰能力突出的优势。

激光雷达具有高分辨率、高精度，可实现厘米级高精度定位，角分辨率可达0.1°，相较微波雷达具有明显优势，同时可准确跟踪多目标；抗有源干扰能力强并且获取信息量丰富，可直接获取目标距离、角度、反射强度、速度等信息，生成目标多维图像；但激光雷达传播距离受雨雾雪等天气环境影响，大气环流易引起激光光束发生畸变抖动。

在感知系统中，3D激光雷达是道路环境感知的主体，可布设于道路关键和复杂的路口及路段，对所在区域道路进行精确感知。通过路侧激光雷达对道路的完整扫描，得到基于点云数据的道路动态环境重建，得到包括车辆、行人、非机动车及其他物体的道路信息，为解决智能网联汽车的超远视距和非视距信息感知提供有力支撑。

### 4. RSU

路侧单元（Road Side Unit，RSU）是路侧的信号接收和发送装置（图5-3）。其内部核心模块是V2X模组。RSU主要是由通信模组和ARM（Advanced RISC Machine）控制器形成的电路板设计。根据组成的不同，RSU一般有单模（DSRC/LTE-V）、双模（DSRC、LTE-V）和多模（DSRC、LTE-V、其他外设）。

**图5-3　路侧单元（RSU）图例**

（资料来源：公开信息，中国电动汽车百人会整理）

RSU是信息传送最重要的基础设施之一，是感知路网特征、道路参与者的信息交换枢纽。RSU可以对接几十种信号机控制系统，对接微波雷达等多种检测器信息，对接车辆和路侧可变信息牌，并可提供差分信号，提升定位精度。RSU不仅可以提供与汽车的通信中继，也可与边缘云、交通大脑相连或内置边缘计算设施，完成连接和计算的综合管理。

### 5. 边缘计算单元

摄像头不断升级到900万像素，激光雷达与毫米波雷达赋能自动驾驶与传统交通智慧化建设，全方位的丰富信息输入越多，做决策时需要考虑的就越多，系统推演各种影响因素对结果的作用复杂度越高，所需要的计算量就越来越大。围绕高可靠、低时延、大算力，需要专为智慧交通场景设计AI感知边缘计算单元，具备可实时处理激光雷达3D点云数据、毫米波雷达频谱数据和视频数据的AI硬件加速引擎及AI算法，满足多源数据的融合，充分发挥不同传感器优势，支持目标位置、3D尺寸、速度及运动方向等维度信息的获取，满足不同场景下的路侧感知需求。

边缘计算单元通常包含高性能、高算力计算平台及数据融合类系统软件，硬件计算平台主要为嵌入式、工控机、服务器等形态，可支持路侧感知设备通过交换机接入，包括视频检测设备、毫米波雷达、激光雷达、交通标志、环境监测设备等；支持路侧控制设备通过交换机及RSU接入，包括交通情报板、信号机等；可满足有高运算性能和多扩展接口需求的服务器级进程间通信（Inter-Process Communication，IPC）应用。边缘计算单元内置基于AI深度学习的感知融合算法、目标识别算法、全域跟踪算法、事件检测算法，支持信控调优所需感知数据输出；实时汇集感知数据进行多源数据融合拼接与特征提取，降低传输时延，优化流量，实现区域协同；并可通过5G/V2X或有线网络通信，实现极低时延传输信息给周边车辆、移动终端及云端平台。

6．智慧综合杆

智慧综合杆是由杆体、综合箱和综合管道等模块组成，可挂载两种及以上设备，与系统平台联网，实现或支撑实现智能照明、视频采集、移动通信、交通管理、环境监测、气象监测、应急管理、紧急求助、信息发布、智慧停车等城市管理与服务功能的新型公共基础设施（图5-4）。

智慧综合杆具备"综合集成、共享共用、智慧赋能、和谐发展"4大特点。

综合集成：智慧综合杆是集成各类功能、融合各种设施的复杂综合体，承载了多功能、多杆体、多技术等方方面面综合集成的含义。从功能方面来看，智慧综合杆综合了照明灯杆、安防监控杆、交通监控杆、交通指示牌、通信基站杆塔等多种设施，大大节约了重复建设成本；从系统集成方面来看，智慧综合杆的设计和建设需要综合考虑多种原属不同垂直领域系统的需求，如空间布局、供电保障需求、通信传输质量（QoS）和协议兼容需求、电磁兼容、环境可靠性等。智慧综合杆可将多种功能系统的供电、通信等支撑系统进行综合集成，形成集约化解决方案，综合多种具体技术，在保障所有系统能顺利、安全、可靠运行的前提下，达到节省资金、提高管网设施利用率、节能减排的效果。从技术方面来看，智慧综合杆提供的智慧化功能的实现和创新，需要有机融合5G、物联网、大数据、边缘计算、人工智能等多种 ICT 技术，形成一种全新高效的城市精细化管理模式，提高城市治理的应对与反馈效率。

共享共用：智慧综合杆可实现杆址、网络、供电、数据4个方面在物理空间与数字空间的共享。一是智慧综合杆可为包括 4G/5G 基站、摄像头、传感器、市政/交通设施等在内的各类设备设施统一提供杆址资源，通过多杆合一节省大量杆址资源。二是挂载在杆塔上的设备设施可以共享接入杆塔的通信网络资源和供电资源，减少通信和供电线路的重复建设。三是原分属于不同垂直领域的多种系统获取的数据也可以通

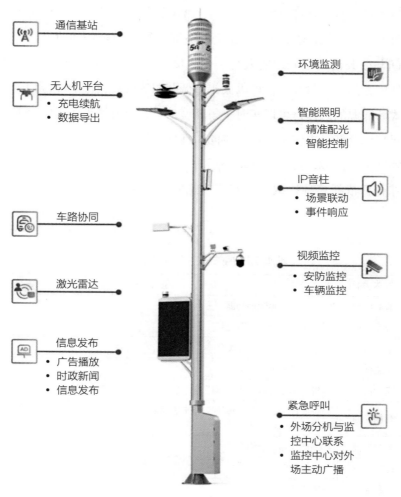

通信基站

无人机平台
• 充电续航
• 数据导出

车路协同

激光雷达

信息发布
• 广告播放
• 时政新闻
• 信息发布

环境监测

智能照明
• 精准配光
• 智能控制

IP音柱
• 场景联动
• 事件响应

视频监控
• 安防监控
• 车辆监控

紧急呼叫
• 外场分机与监控中心联系
• 监控中心对外场主动广播

**图5-4　智慧综合杆图例**

（资料来源：公开信息，中国电动汽车百人会整理）

过建立统一的智慧综合杆管理平台实现共享，消弭数据壁垒，破除孤岛效应，实现城市运行监测数据的互联互通，使一体化智慧城市管理成为可能。

智慧赋能：智慧综合杆的核心特点落脚于"智慧"。首先，智慧综合杆作为感知底座，提供各类通信接口，促进传统杆体设备设施向网联化和智能化升级。其次，通过杆载网关的边缘计算能力、云平台的远程控制和人工智能赋能，边云协同，实现各类设备设施的有机整合，基于多功能杆在道路、园区、城市等多种场景中的空间布局搭建信息网络，进而提供多种创新智慧服务。总体上，智慧综合杆构成了智慧城市的神经网络，实时收集海量数据信息由神经末梢汇总至城市管理中枢，将成为城市管理决策的重要支撑。

和谐发展：智慧综合杆可以促进城市面貌简约统一、生态环境绿色环保、社会发展幸福美好3个层面的和谐发展。城市面貌方面，智慧综合杆的建设，可扩容净化行人通行空间与公共活动空间，使人行步道连贯顺畅，提升街道空间秩序感和景观品质。生态环境方面，智慧综合杆可以大幅降低照明等市政设施的能源消耗，作为太阳能等分布式新能源的载体，可以实时采集环境信息，提升城市污染防控能力。社会发展方面，智慧综合杆可提供交通信号协同、拥堵预警、智慧停车等便民服务，并使城市安全得到进一步保障，提升群众幸福感。

智慧综合杆依托多种挂载设备实现功能的多样化，基本功能相关的主要挂载设备见表5-1。

基本功能相关的主要挂载设备表 表5-1

| 序号 | 基本功能 | 主要挂载设备 |
| --- | --- | --- |
| 1 | 智能照明 | 照明灯具、照明控制器 |
| 2 | 视频采集 | 摄像头、补光灯、曝光灯 |
| 3 | 移动通信 | 移动通信基站及配套设备 |
| 4 | 交通标志 | 静态交通指示标志牌 |
| 5 | 交通信号 | 非机动车信号灯、人行横道信号灯、车道信号灯等 |
| 6 | 智能交通 | 视频监控前端设备、道路交通流信息采集设备、道路交通事件检测设备、交通诱导可变标志信息发布设备 |
| 7 | 公共广播 | 广播扬声器、网络音柱 |
| 8 | 环境监测 | 环境传感器 |
| 9 | 气象监测 | 气象传感器 |
| 10 | 一键呼叫 | 一键呼叫对接系统 |
| 11 | 信息发布 | 信息发布屏、广告灯箱 |
| 12 | 多媒体交互 | 语音对讲、触摸互动屏幕 |
| 13 | 充电桩 | 市政供配电设备、电动汽车充电桩等 |
| 14 | 智慧停车 | 停车诱导显示牌 |

（资料来源：中国电动汽车百人会智能网联研究院整理）

智慧综合杆系统能够利用其扩展的传感通信设备，采集各种结构化和非结构化的数据，通过公众通信网络、专用通信网络等，上传到云端的公共数据系统，在云端进行数据的解析、分类、处理和统计，或者在边端直接进行数据的解析、分类、处理和统计。根据实际场景的业务需求，进行数据应用的呈现，并且推送相关统计数据给政府各职能部门，为城市的运营和建设提供数据支撑。如图5-5所示。

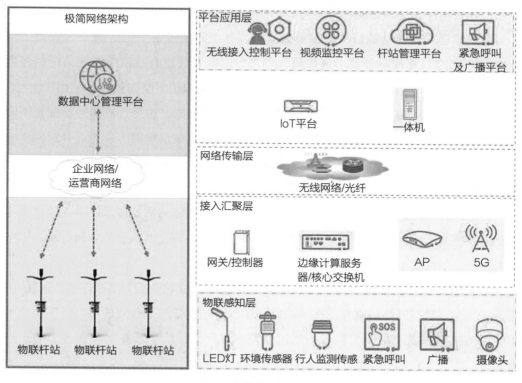

**图5-5 智慧综合杆系统组成**

（资料来源：全国信息安全标准化技术委员会智慧城市标准工作组）

　　智慧综合杆系统由杆体、挂载设备、控制器、边缘计算服务器、远程应用平台等设备和构件组成。根据不同功能，可以将智慧综合杆系统划分为物联感知层、接入汇聚层、网络传输层、平台应用层4个层级。

　　物联感知层主要功能通过在智慧综合杆上挂载各类设备实现，这些设备包含具有微处理器固件的智能终端、不具有微处理器固件的非智能终端和杆体供电设备等。这一层主要具备智慧综合杆系统终端的基础功能，如智能照明、视频采集、移动通信、交通执法、公共广播、环境监测、一键呼叫、信息发布等，同时具有权限设置、参数设置、数据采集、计算、推送、对外接口保障信息安全等功能。

　　接入汇聚层负责智慧综合杆各功能模块终端的信息采集、状态监测、控制策略管理与执行、数据传输等。接入汇聚节点可以具有一定边缘计算功能。网关/控制器为多种终端设备提供统一接入，将终端设备采集的数据在本地进行汇总、存储，协议转换和协同处理，汇聚交换机对一定区域的智慧综合杆网关/控制器直连的终端设备通信数据进行汇聚。边缘计算服务器作为边缘数据中心的主要计算载体，可支持 CPU/GPU/NPU 等异构协同计算，满足行业数字化在敏捷连接、实时高并发业务、数据多样性，数据优化、应用智能、安全与隐私保护等方面的关键需求。

网络传输层主要功能是将终端设备通过接入汇聚层设备（包括网关/控制器、汇聚交换机/边缘计算服务器等）连接到管理平台，或者通过有线或无线通信网络将数据传输至平台应用层。智慧综合杆组网可分为三层架构（终端间接连接应用平台），或者二层架构（终端直接连接应用平台）。在网关/控制器，边缘计算服务器配置不同的情况下，可以采用不同粒度的组网形式（比如树形、星形组网）或者混合组网。

平台应用层是整个智慧综合杆的控制管理中心，支持多功能杆的应用和业务管理，提供与其他城市系统平台的数据交换和服务连接。

智慧综合杆关键技术可以归纳为物联感知交互（智能感知）技术、系统互联（互联互通）技术、边缘计算技术、数据融合技术、智能决策技术、业务协同技术、数字孪生技术、物联安全技术8大类。

物联感知交互（智能感知）技术主要为智慧综合杆挂载设备各类感知信息的采集、交互和互联互通提供支撑，在物联感知层，通过设备与平台间的接口，互操作等智能网络接口，以及感知与执行一体化模型，实现物联信息感知化和多模态的态势感知。

系统互联（互联互通）技术旨在将各类感知设备收集和储存的分散信息及数据连接起来，为信息互联互通与数据共享交换提供支撑，实现数据、算力、网络、平台互联互通，贯穿接入汇聚层、网络传输层。系统互联技术通过各类物联感知设备、网络设备、平台的自组网，以及系统和平台的连接，有力推动云网互联、一网多平面、城市一张网的构建。

边缘计算技术主要在接入汇聚层，用于将各类感知设备采集的信息在本地进行解析、汇总、协议转换和协同计算处理，为数据实时分析和云边端协同智能决策提供支撑，提升边缘计算设备与云、端侧的互操作能力、计算资源动态调度能力，以满足智慧综合杆协同算力支撑需求。

数据融合技术主要在接入汇聚层边缘计算服务节点或者中心平台应用层，针对智慧综合杆多源异构数据的融合治理与服务进行规范，提升智慧综合杆挂载设备的数据挖掘以及知识学习能力，增强挂载设备数据关联、分析、管理、治理、运维和应用服务等关键能力，以支撑实现信息汇聚、共享、交换和有效利用。

智能决策技术主要在接入汇聚层边缘计算服务节点或者中心平台应用层，用于支撑智慧综合杆管理者感知、分析智慧综合杆挂载设备突发事件信息，构建具备事件预警与通知、信息处理和决策支持的联动机制。智能决策技术主要包括突发事件感知与建模、异构数据访问、多类型资源调度、决策过程的表现和评价等方面。

业务协同技术旨在将智慧综合杆规划建设、运营管理等各领域中涉及的物理设施、信息资源连接起来，贯穿接入汇聚层和平台应用层，为实现智慧综合杆各业务系统之间的流程整合和协同提供支撑。

数字孪生技术主要在平台应用层，针对智慧综合杆规划建设中涉及的各类数据模型（数据结构、数据操作和数据约束）进行规范，建立应用领域数据模型、物联网模型等，指导智慧综合杆数据融合和数据质量提升。

物联安全技术主要为智慧综合杆各类感知设备、系统互联互通设备、平台系统等提供支撑，贯穿物联感知层、接入汇聚层、网络传输层、平台应用层，实现智慧综合杆软硬件系统的一体化安全。物联安全技术主要包含各类设备的接入安全、互联互通设备的通信安全、智慧综合杆系统的数据安全、存储安全、管控安全、供配电设备的电气安全等方面。

智慧综合杆作为集智能照明、视频采集、移动通信、交通管理、环境监测、气象监测等多种功能于一体的新型智慧城市公共基础设施，丰富了人们对未来智慧城市的想象。构建新型智慧城市和社区需要以数据为基础，城市数据的采集依赖于建立"全域感知"体系，即将信息感知设备合理布局在城市各处。智慧综合杆分布广、位置优良，是"全域感知"设备的优良载体。其在各地试点示范效果日益凸显，越来越多的地方政府将智慧综合杆的建设落实到新型智慧城市、城乡建设品质提升和 5G 基础设施的实施方案中，成为地方政府践行新发展理念的具体举措，实现网络强国的重要载体，建设智慧社会的关键基础，发展新业态新模式的有力支撑。

未来智慧综合杆的发展将紧随万物互联化、数据智能化、应用智慧化的趋势，以新基建为契机，以"智建、智联、智用、智防、智服"为主线，有效提升智能化应用水平，为智慧城市多场景应用提供技术支撑。

### 5.1.2　技术方案

交通基础设施以路口为关键节点进行部署，城市路口主要分为十字路口和丁字路口两大类。原则上，所有设备安装杆件以利旧为主，通常安装在路口的监控杆上。RSU 一般优先安装在路口距离信号控制机最近的信号灯横杆上，实际布置时应以不影响设备正常功能为前提，根据路况、施工便利程度进行调整；对于无信号控制机的其他点位，主要根据实际路况、设备通信/检测视角覆盖范围、施工便利度等因素来确定设备的安装位置。

十字路口一般交通参与者数量大、种类繁多，结合十字路口的特性和周围路段交通参与者行为全息感知的需求，需要在每个进口方向的杆件上各安装摄像机、毫米波雷达和激光雷达进行事件感知和融合，依靠这三种感知设备实现路口、周围路段交通参与者行为感知和判断。若路口存在遮挡，将适当增加RSU数量。如图5-6所示。

结合丁字路口的特性和周围路段交通参与者行为全息感知的需求，需要在每个进口方向的杆件上各安装摄像机、毫米波雷达和激光雷达进行事件感知和融合，依靠这三种感知设备实现路口、周围路段交通参与者行为感知和判断，同时，激光雷达的引入，也可以对体积更小的障碍物实现更精准的感知和发布。如图5-7所示。

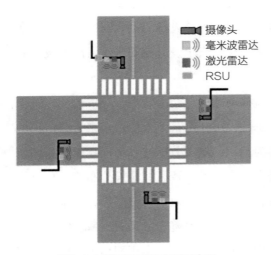

图5-6　十字路口设备部署示意图
（资料来源：希迪智驾）

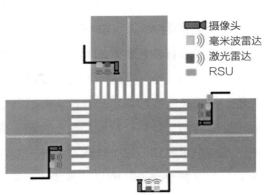

图5-7　丁字路口设备部署示意图
（资料来源：希迪智驾）

### 5.1.3　核心设施及其特点

激光雷达探测精度高，具备高精度三维环境感知能力，具备良好的定位增强与连续跟踪能力；毫米波雷达则可以准确检测速度与位置信息变化，用于车速预警等全天候检测服务；并通过与视频的多源融合感知实现更精准的交通参与者感知和交通事件高可靠检测。

基于激光雷达、毫米波雷达、摄像机等感知设备的交通参与者检测技术发展趋势主要有两点，一是技术先进性与推动产业协同并存，交通参与者检测技术目前在AI能力方面仍有不足，尤其是路侧与车端的融合感知及融合决策问题，因此在未来发展中仍然需要着力于解决基本的技术问题。二是现有的基于路侧激光雷达、毫米波雷达和摄像机的交通参与者检测技术系统呈现出明显的"碎片化"特点，不同厂家的系统之间往往不能实现信息的共享开放，因此信息交互标准及高效的信息开放方式是值得关注的重点。

## 5.2　能源基础设施

### 5.2.1　建设内容及范畴

新型能源基础设施主要包括5个方面。一是智能有序充放电桩，未来的充电桩将是联网且智能可控的，当前基于单向的有序充电已经可以规模化推广，未来将逐步过渡到双向的有序充放电桩；二是大功率充电设施，大功率充电设施的特点是"充电快"，通常可达充电10min，补能至少150km，随着电池技术的进步以及整车电压平台的升高，大功率充电将能提供更好的补能体验；三是充换一体站，从高效用能的角度，换电站将与充电桩共建，同时满足换电和充电不同车型的补能需求以及电力容量的高效使用；四是光储充/换一体站，双碳背景下将有越来越多的与分布式光伏（结合周边建筑屋顶、车棚等）合建的充换电站，通过增加新能源的使用，降低新能源汽车使用环节的碳排放；五是移动充放电设施，目前移动充放电的路线有两种，一种是代客服务的大型移动充电设施，另一种是自助服务的小型随车充放电设施。移动充放电设施是满足电动汽车用户更高需求的增值应用，也能满足特定的应急供能场景。

未来，新型能源基础设施的发展包括三大特点。一是设备网联化，所有的设施都是联网的，且作为与整个能源互联网相连的能源入口，融合在整个能源互联网之中，无数的电动汽车就像一块"电力海绵"，通过充放电吸收和释放能量发挥平衡的作用；二是充电智能化，充放电都是智能可控的，能够接受本地、区域或者整个城市平台的多层级能量调度，支撑能量效率最大化；三是用能低碳化，用能都是更低碳环保的，通过绿电交易、本地光伏消纳以及车网互动让新能源汽车多用新能源电。

### 5.2.2　技术方案

#### 1．"车—网"融合应用

通过建设"车—网"融合的能源基础设施，充分利用大数据等技术，实现车端需求侧与能源供给端实时信息互动；通过应用充换电负荷聚合调控、有序充电、车网互动充放电等技术，推动智能网联汽车参与能源系统运行，保障新能源的充分消纳与灵活控制。2020年9月，国家能源局华北监管局发布政策鼓励京津唐区域的第三方主体包括充换电设施运营商参与电网的辅助服务市场，提高电网的调节能力，促进新能源消纳。新能源汽车及其充换电设施通过负荷聚合参与后，通过平台调度，在夜间张北风电大发时段多充电，平衡新能源大发与常规负荷用电不匹配，提升新能源消纳水平。以蔚来汽车为例，2021年11月～2022年4月，蔚来汽车组织了累计4241位京津唐区域的车主参与了华北电网辅助服务市场，通过将常规的充电时段移到凌晨风电大发时段充电，既促进了风电能源的利用，又可以获取辅助服务电费补贴，降低用电成本。

### 2. 与可再生能源融合应用

利用周边屋顶或车棚资源，建设分布式光伏，打造光储充/换一体化站。白天光伏大发时段，光伏发电直接充到换电站电池，或者直接通过充电桩充到正在充电的车辆，从而直接提升了充换电站终端用能的新能源比例，甚至可以结合绿电交易，打造局部"碳中和"充换电场站。蔚来建设的上海汽车博览公园"光储充换"一体化电站已运营近3年，累计用能近200万kW·h，开展换电近3.5万次，消纳新能源近6万kW·h。该项目在能源融合上实现了光伏就地消纳，可与电网友好互动，通过错峰充电助力全网清洁能源消纳。

### 3. 与小区规划及改造融合应用

对于难增容的老旧小区，通过安装有序充电桩以及本地的能量管理，可以实现同样的容量下装更多的桩。如小区里出现紧急停电时，电动汽车可以通过随车移动放电设施放电为小区提供应急照明等。当某些电动汽车因为长期闲置导致大电池缺电、小电池亏电时，可以通过随车移动充电设施进行补能。

## 5.2.3 发展趋势

### 1. 充电设施将逐渐从无序离网充电到智慧有序充放电

从省级或城市级电网层面，按照新能源汽车发展规划以及新能源装机规模，电动汽车利用其电池储能特性将成为丰富电力系统平衡调节的新手段，目前政策上也允许将电动汽车充换电设施作为可并网的电力主体，可以预见未来电动汽车充换电设施将作为用户侧不可或缺的可调资源。

在园区或小区的配电网层面，随着新能源汽车规模化发展，可以预见小区里的充电设施会越来越多，如果能进行有序充电管理，既能保证配电变压器下的所有用电负荷和谐共处，还能进一步利用低谷时段，满足更多的电动汽车用户充电；除此之外，电动汽车还可以作为电源，通过有序放电成为支撑小区应急供电的电源。目前中国电力企业联合会也在牵头组织有序充电行业标准的制定，上海市率先出台了有序充电的地方标准，国家电网有限公司也在各地逐步开展有序充电的相关试点。

### 2. 充换电设施的能量管理逐步从粗放到精细

随着电力市场的发展，要求工商业用户逐步参与到电力市场的交易中，通过用能的精细化管理可以在电价变化浮动的市场中获取一定的成本节省空间；双碳背景下，充换电设施的用电环节也需要更加节能环保，结合新能源的使用开展用能跟踪与低碳管理，依托电动汽车V2G（Vehicle to Grid，车辆到电网）和智能调度降低高峰用电量，通过响应电网互动需求降低用电成本等；通过更精细化的用能管理亦可促进用户、物业、充换电设施运营方、新能源运营方以及电网的多方共赢。

### 3. 满足新能源汽车用户除常规固定补能之外的其他需求

随着新能源汽车规模化发展，电池技术在进步，新能源汽车本身作为一个"移动式储能"的作用将有更好的发挥空间。除了日常补能，应急情况下的车车补能、高端用户的代客补能、开车露营场景下的常规负荷的应急供电、极端天气下的重要负荷的应急供电等，上述V2X场景下的供能需求，也恰是移动式或便携式充放电设施的应用发展空间。

## 5.3　定位地图基础设施

### 5.3.1　建设内容及范畴

智能网联汽车必须具备高精地图和高精度卫星定位，以实现高等级辅助驾驶、自动驾驶，由此衍生的新一代智慧交通和智慧城市应用（比如：全息路口、孪生路网、孪生城市）也对高精地图和高精度卫星定位地理基础设施提出了迫切需求。

"双智"需要建设高精地图及卫星定位基础设施，以提供城市级高精地图及卫星定位服务，应鼓励具备测绘资质及地图研发优势的头部企业牵头建设高精地图和定位服务平台，全面提升城市级高精地图和高精度差分定位的高精度时空服务、动态地理信息服务水平。

### 1. 高精地图

高精地图是精度更高、数据维度更多的电子地图，主要服务于自动驾驶汽车。通过建设覆盖示范区所有道路范围的高精地图，为自动驾驶汽车提供对于道路情况的"长周期记忆"，相比其他传感器，地图数据有更高精度、更稳定，能够支持像车辆控制之类的更高级应用。

根据工业和信息化部《新一代人工智能产业创新重点任务揭榜工作方案》（工信

厅科〔2018〕80号）智能网联汽车方向中，明确列出高精地图数据采集与服务能力作为智能网联汽车揭榜任务的关键性指标。高精地图是指一种面向自动驾驶的特殊电子地图。高精地图是实现自动驾驶不可或缺的重要设施，已经成为汽车智能化的核心基础问题之一。目前，来自全球的多家企业已经推出自动驾驶相关的业务并有望在近几年推出自动驾驶汽车。我国也把智能网联汽车纳入重点发展领域，2020～2025年逐步掌握智能辅助驾驶及自动驾驶的关键核心技术；同时，各地也陆续出台自动驾驶的道路测试规定。现阶段L4级别无人车的研发尚未实现量产，虽然产业界加大了高精地图产品的研发投入，高精度地图产品仍处于摸索阶段。当前智能汽车系统自动化水平还不能满足复杂环境的全工况、全自动驾驶的要求，感知和定位成本也十分高昂。研究面向自动驾驶的高精度地图有助于提高无人车的定位精度和降低定位成本，降低环境感知的难度和提高环境感知的效率，有效实现路径规划和决策控制，为提高智能汽车环境感知的可靠性和稳定性以及保障智能汽车运行的安全和效率提供一种可靠解决方案，为推动智能汽车的产业发展和普及提供有力的技术支撑。

自动驾驶技术是交叉性、综合性和复杂性极强的新领域，面向自动驾驶的高精度地图中的地理信息具有精细化程度高、实时性强等特性，地图的地理元素和空间关系的表达复杂。高精地图涉及自动驾驶各个环节，制图者和用图者对高精地图的理解存在差异。目前国家测绘地理信息局、全国地理信息标准化技术委员会下达的2017年度测绘地理信息标准项目研究计划中包括高精度电子地图相关的标准《道路高精度电子导航地图数据规范》《道路高精度电子导航地图生产技术规范》，包括上海市测绘院、浙江省第一测绘院、百度、凯立德、四维图新、易图通、公安部交通管理科学研究所、中国人民解放军战略支援部队信息工程大学、同济大学在内的国内主流的车载电子企业和地图企业及高校科研机构等都将参与该高精度道路导航地图的标准制定工作。业内有单位从逻辑结构上对高精地图进行分层定义，增加车道网络和车道线两层地图信息，其定义的高精地图数据分为4层：第1层为道路层，包含道路网络信息；第2层为车道网络层；第3层为车道线层；第4层为交通标志层，包含红绿灯、路牌、路标等信息。因高精度导航电子地图的数据格式和模型尚未形成公开的统一标准，国内图商在实际应用时大多以现有导航电子地图为基础，扩展自动驾驶需要的道路和设施信息，比如增加基础设施隔离带类型等，同时补充完整的拓扑关系和全面的交通信息。

因此，高精地图主要有如下特点：

第一，面向自动驾驶的高精地图模型是面向机器的地图，应该以机器语言的形式和便于机器理解的方式对地理信息进行表达，其表达的重点不是道路的显示，而是减少语义理解成本。比如：传统的用于显示给人看的背景数据在高精地图中不再被需要。

第二，面向自动驾驶的高精地图模型是智能地图，支持智能导引。对静态的地理信息的存储可以不变，但是对提供给无人车的导航路线的表达方式是多样的，而且可供无人车根据不同的行驶场景进行自主选择。

第三，面向自动驾驶的高精地图模型能提供足够精细的地理信息，有充足的接口能对多种地理信息进行存储，以适应不同关键技术为主导的多种自动驾驶方案，便于地图的普及和推广。需要特别注意的是，鉴于自动驾驶的复杂性和功能多样性，同时，完整的高精度制作成本极其高昂，一份完整的高精地图不是实现自动驾驶的必要条件，地图应支持根据不同的自动驾驶功能配置不同的地图数据库。

因此，要对高精地图的场景进行准确划分，就需要结合车载卫星定位方式进行考虑。

高精地图服务包括三维地图引擎和高精地图基础数据2部分，其中三维地图引擎包括数据引擎和显示引擎。其中，数据引擎主要用于高精地图的多源数据管理与检索，显示引擎主要用于数据展示与渲染。根据项目实施情况，建立多个相关国家、地方或行业标准。

高精三维地图引擎主要功能包括：

（1）具有高精地图的渲染和演示功能；

（2）具有场景特征信息检索和分析功能；

（3）具有可交互的功能，包括旋转、移动等；

（4）结合融合定位信息，在高精地图中进行车道级定位增强及显示；

（5）整合底层CAN协议以及叠加的CAN协议，经过加工后显示，包括车辆的基本信息和定位信息等。

高精地图数据结果包括矢量地图数据、全场景激光点云拼接结果、全景影像、场景特征信息。

面向自动驾驶应用对高精地图服务的需求，充分利用高精地图提供的高精度宏观数据，建设面向场景增强的自动驾驶高精地图服务系统，实现在多种场景下获得精准可靠且场景丰富的高精地图服务。基于高精地图服务系统，结合自动驾驶车辆感知能力，实现面向自动驾驶的高精地图数据检索、地图匹配、场景增强和动态负载能力，从而建立自动驾驶领域的高精地图综合场景应用服务，并以此形成一系列国家、地方或行业标准。

（1）具体建设内容如下：

1）利用三维引擎技术搭建高精三维地图引擎，提供软件支撑；

2）采集并编制生成示范区范围内的高精地图数据和场景信息，提供数据保证；

3）结合项目成果，起草一系列具有行业引领性的国家、地方或行业标准，包括高精地图数据采集标准规范、高精地图交换格式标准、城市道路高精地图标准、高精地图服务标准和高精地图众包数据质量规范。

（2）系统建设的目标：

构造场景增强信息和三维模型数据，满足自动驾驶车辆面向复杂多场景的定位、感知和规划等用途；为示范区提供地理信息的高精度原始数据，提供示范区内不同厂家和用户的自动驾驶高精地图应用服务；指定一系列具有行业引领作用的高精度地图相关的国家、地方或行业标准，促进行业健康发展。

系统建成后，其主要包括场景增强能力、动态负载能力、地图基础数据服务能力和地图引擎能力。具体有：

1）数据包含示范区内常见的与自动驾驶密切相关的道路行驶场景特征信息，自动驾驶车辆可根据定位结果自动判断和分析所在场景信息，并从高精地图数据中获取相应的场景增强数据；

2）面向多平台多用户的自动驾驶地图服务，可通过分布在不同车型和用户的车载平台获取高精地图服务；

3）利用高精地图的三维模型和场景信息，获取更加详细的时空三维基础数据服务，从而实现自动驾驶车辆根据不同的场景和路况动态调节计算负载；

4）引领高精地图及其众包更新产业发展。

2．高精度定位

智能网联汽车领域的高精度定位是指在车辆实时运动状态中连续获取车辆高精度位置信息的单一或者多种模式混合定位的体系。根据场景以及定位性能的需求不同，车辆定位方案是多种多样的，在大多数应用场景中，通常需要通过多种技术的融合来实现精准定位，包括GNSS（Global Navigation Satellite System）、无线电（如蜂窝网、局域网等）、惯性测量单元（Inertial Measurement Unit, IMU）、传感器以及高精度地图。其中，GNSS或其差分补偿RTK（Real Time Kinematic）是最基本的定位方法。考虑到GNSS技术在遮挡场景、隧道以及室内的不稳定（或不可用），其应用场景受限于室外环境。基于传感器的定位是车辆定位的另一种常见方法，然而高成本和对环境的敏感性也限制了其应用前景。通常，GNSS或传感器等单一技术难以满足现实复杂环境中车辆高精度定位的要求，无法保证智能网联汽车定位的稳定性。因此会通过其他一些辅助方法（如惯性导航等）以满足高精度定位需求。在自动驾驶车辆行驶中，往往离不开与高精地图的匹配，以及对摄像头、激光雷达、毫米波雷达等车身传感器的辅助定位融合，如图5-8所示。

**图5-8　北斗系统高精度定位示意图**

（资料来源：公开信息，中国电动汽车百人会整理）

高精度定位主要包括两种类型：一是全局定位（也称绝对定位），通过定位系统直接获取目标在全球坐标系下的位置信息（含三维坐标、速度、方向、时间等全局信息）。单个接收机通常的定位称为单点定位，或绝对定位；只利用本接收机的观测量，定位精度较差。差分定位包含两个或两个以上接收机，通过差分校正量提高定位精度。差分定位根据服务区域不同，可分为局域差分和广域差分，也可分为地基增强系统和星基增强系统；根据差分修正参量的不同，可分为位置差分、伪距差分和载波相位差分等。要得到高精度的定位结果，通常利用载波相位差分定位提高定位精度。

二是局部定位（也称相对定位），在智能网联汽车运行的局部环境中，通过对周边环境中特殊物体的图像识别或特征匹配，与事先保存的地图信息进行比对，获得环境物体和自车的局部相对位置；或者通过传感器探测周边静态物体、运动目标的相对距离和相对角度及相对速度等信息，解算出自车与动态、静态目标物之间的相对位置。局部定位最终可以还原出全局位置信息。

高精度定位基础设施一般由基准站（Continuously Operating Reference Stations，CORS）网、系统中心、系统用户以及传输链路4部分组成。CORS网由在全国各地建设的CORS站组成，系统地观测卫星数据来源，要求24h连续运行，并且保证基准站位置（准确坐标）的稳定和数据的稳定，并根据稳定情况定期更新基准站的准确坐标。系统中心最主要的功能是对系统的观测数据进行实时处理，并提供实时高精度差分服务。另外，还要具备存储功能、管理功能、监控功能和报警功能。系统用户是最终服务对象，包括智能网联汽车、自动驾驶汽车以及路侧基础设施等。一方面，系统用户需要按系统要求接入系统，获得系统服务；另一方面，用户的需求也决定了系统的服务。传输链路的功能是将系统的各个部分连接到一起，构成一个整体，主要包括两部分内容，一是把CORS网的数据实时传输到系统中心；二是把系统中心生成的服务发送给用户。

目前智能网联汽车应用场景的定位需求主要面临以下3个方面的问题：定位场景复杂、与高精地图的匹配以及高精度定位成本。

满足不同应用场景下的定位需求：目前室外的定位技术以实时动态差分技术（Real Time Kinematic, RTK）为主，在室外空旷无遮挡环境下可以达到厘米级定位，但考虑到城市环境高楼区密集，以及会经历隧道、高架桥、地下停车场等遮挡场景，需要结合惯性单元使用融合算法保持一定的时间精度。所以如何保障车辆在所有场景下的长时间稳定高精度定位，是智能网联汽车应用场景下车辆高精度定位的巨大挑战。因此需要结合蜂窝网定位、惯性导航系统（以下简称惯导）、雷达、摄像头等，通过多源数据融合保障车辆随时随地的定位精度。

高精地图的绘制和更新：高精度定位需要有与之匹配的高精地图才有意义。从定位技术上，对于摄像头、雷达等传感器定位，需要有相应的高精地图匹配，以保证实现厘米级的定位。另外，在智能网联汽车业务上，路径规划、车道级监控和导航，也需要高精地图与之配合才能实现。然而绘制高精地图成本高且复杂，且需要定期更新才能保证定位性能和业务需求。

高精度定位成本较高：为保障车辆高精度定位的性能需求，需要融合蜂窝网、卫星、惯导、摄像头以及雷达数据，而对于惯导、雷达等，成本较高，难以实现快速普及，限制了车辆高精度定位的商业应用。

自动驾驶作为智能网联汽车的典型应用，已经逐步渗透到人们的生活中，封闭或半封闭园区的无人摆渡、无人清扫、无人配送，以及矿区的无人采矿、无人运输等，已经成为无人驾驶的典型应用。高精度定位是实现无人驾驶或者远程驾驶的基本前提，因此对定位性能的要求也非常严苛，其中L4/L5级自动驾驶对于定位系统的需求如表5-2所示。

L4/L5级自动驾驶汽车定位系统指标要求　　　　　　　　　　　表5-2

| 项目 | 指标 | 理想值 |
|---|---|---|
| 位置精度 | 误差均值 | <10cm |
| 位置鲁棒性 | 最大误差 | <30cm |
| 姿态精度 | 误差均值 | <0.5° |
| 姿态鲁棒性 | 最大误差 | <2.0° |
| 场景 | 覆盖场景 | 全天候 |

（资料来源：《5G与车联网技术》，中国电动汽车百人会智能网联研究院整理）

在5G和C-V2X迅速发展和快速普及的背景下，基于智能网联汽车的应用业务在快速扩展。而高精度定位作为智能网联汽车整体系统中的关键部分，结合对车辆高精度定位的场景分析和性能需求，主要包括终端层、网络层、平台层和应用层。其中终端层实现多源数据融合（卫星、传感器及蜂窝网数据）算法，保障不同应用场景、不同业务的定位需求；平台层提供一体化车辆定位平台功能，包括差分解算能力、地图数据库、高清动态地图、定位引擎，并实现定位能力开放；网络层包括5G基站、RTK基站和路侧单元（Road Side Unit, RSU），为定位终端实现数据可靠传输；应用层基于高精度定位系统，能够为应用层提供车道级导航、线路规划、自动驾驶等应用。

智能网联汽车高精度定位关键技术主要包括基于RTK差分系统的GNSS定位、传感器与高精地图匹配定位、蜂窝网定位以及同步技术。

基于RTK差分系统的GNSS定位：全球导航卫星系统（Global Navigation Satellite System，GNSS）是能在地球表面或近地空间的任何地点为用户提供全天候三维坐标和速度以及时间信息的空基无线电导航定位系统，包括美国的GPS、俄罗斯的格洛纳斯卫星导航系统（GLONASS）、欧洲的伽利略系统（GALILEO）和中国的北斗系统（BDS）。高精度GNSS增强技术通过地面差分基准参考站进行卫星观测，形成差分改正数据，再通过数据通信链路将差分改正数据播发到流动测量站，进而流动测量站根据收到的改正数据进行定位。

传感器与高精地图匹配定位：视觉定位通过摄像头或激光雷达等视觉传感器设备获取视觉图像，再提取图像序列中的一致性信息，根据一致性信息在图像序列中的位置变化估计车辆的位置。根据事先定位所采用的策略，可分为基于路标库和图像匹配的全局定位、同时定位与地图构建的SLAM（Simultaneous Localization and Mapping）、基于局部运动估计的视觉里程计3种方法。

蜂窝网定位：蜂窝网络对于提高定位性能至关重要，尤其是伴随着5G的到来，其大带宽、低时延、高可靠的网络性能可支撑RTK数据和传感器数据的传输、高精度地图的下载和更新等，另外基于5G信号的定位也为车辆高精度定位提供强有力的支撑。一般来说，定位基本过程由定位客户端（LCS Client）发起定位请求给定位服务器，定位服务器通过配置无线接入网络节点进行定位目标的测量，或者通过其他手段从定位目标处获得位置相关信息，最终计算得出位置信息并和坐标匹配。需要指出的是，定位客户端和定位目标可以合设，即定位目标本身可以发起针对自己的定位请求，也可以是外部发起针对某个定位目标的请求；最终定位目标位置的计算可以由定位目标自身完成，也可以由定位服务器计算得出。

同步：可靠的高精度定位系统基本是基于同步系统的，包括卫星导航定位，地面高精度定位系统也基本遵循这一原则。高精度定位系统的同步精度每降低3ns就会引入1m左右的测距误差，因此时钟同步性能成为高精度同步技术的关键指标，地面定位网元节点间的高精度同步技术是这个领域研究的关键。V2X需要满足未来智能驾驶的信息交换需求，对同步的需求也显而易见。由于在定位精度达到3～5m以内才能满足未来智能交通等大多数定位需求，同时考虑给测量误差留有余量，因此需要实现3～10ns的同步精度，才能实现3m甚至米级的、运营商级的地面定位网络。

车辆高精度定位是实现智慧交通、自动驾驶的必要条件。随着C-V2X服务从辅助驾驶到自动驾驶的发展，其性能要求从可靠性、时延、移动速度、数据速率、通信范围以及定位精度等方面发生变化。与其他服务不同，定位信息是保证智能网联汽车业务安全的基本要素之一。3GPP中描述了一些重要的定位关键指标，如定位精度、延迟、更新速率、功耗等。此外对于V2X服务，其定位存在一些特殊需求，比如连续性、可靠性和安全/隐私等。其中定位精度是V2X定位服务中最基本的要求，在一些高级驾驶业务服务中，比如自动驾驶、远程驾驶和编队行驶，稳定的厘米级定位是其安全可靠服务的必要保障。

根据环境以及定位需求的不同，定位方案是多种多样的。GNSS或其差分补偿RTK方案是最基本的定位方法。考虑到GNSS在隧道或密集城市等场景中性能较差，其应用场景仅限于室外环境。GNSS通常要与惯导结合以增加其定位稳定性和场景适应性。基于传感器的定位也是车辆定位的另一种常见定位方法。但高成本、对环境的敏感性以及地图的绘制和更新也限制了传感器定位的快速普及和推广。GNSS或传感器等单一技术无法保证车辆在任意环境下的高精度定位性能，因此会结合其他一些辅助方法，比如惯性导航、高精地图、蜂窝网络等以提高定位精度和稳定性。其中，蜂窝网络对于提高定位性能至关重要，比如RTK数据和传感器数据的传输、高精地图的下载等。另外，5G本身的定位能力也为车辆高精度定位提供强有力的支撑。

### 5.3.2　效用分析

**1.在自动驾驶分级中的地位**

高精地图主要服务于自动驾驶汽车，自动驾驶汽车的传感器像是汽车的"感觉器官"，高精地图像是汽车的"长周期记忆"，经过传感器实时采集的数据与高精度地图融合后重建的三维场景是汽车的"工作记忆"，汽车利用融合后的数据进行决策。如果自动驾驶汽车没有高精地图，它就像是一个失忆的人，随时可能出现行驶偏差。

可以认为，智能网联汽车的自动化、智能化程度越高，对高精地图的依赖越强。如果车辆仅靠自身的传感器与高精地图来构建"工作记忆"，仍然是一个个信息孤岛，无法协同。因此，需要引入智能网联汽车的超级大脑——地图云中心，地图云中心接收车辆报告的"工作记忆"与"长周期记忆"的变化，根据变化融合成新的地图信息，并将信息分发共享给其他车辆。

**2.在自动驾驶路径规划与决策控制中的作用**

高精地图能够为智能网联和自动驾驶提供多方面的支撑。一是提供车道级道路信息，传统导航地图只能提供道路级（Road）的导航信息，而高精地图能够提供车道级（Lane）的导航信息，这种导航信息能够精确到车道的连接关系。二是提供道路先验信息，先验信息是指某些可以提前采集且短时间内不会改变的信息，包括无限速牌的路段车速信息、前方道路的曲率、所处路段的GPS信号强弱等，这些都是传感器遇到性能瓶颈时，无法实时得到的信息。而这些信息却是客观存在的，不会随外部事物的变化而变化，因此可以提前采集，并作为先验信息传送给无人车做决策。三是提供道路点位信息，用中心点和多个外包络点描述的交通标志牌、地面标志、灯杆、红绿灯、收费站等，以及用一系列连续点组成的链状信息描述的路沿、护栏、隧道、龙门架、桥等。

在全工况下提供准确、安全可靠的高精度定位信息，是智能网联汽车实现高等级自动驾驶的重要前提。自动驾驶的路径规划是继环境感知识别之后，决策和执行环节需要频繁迭代调用的核心功能，而高精度定位为路径规划提供了起止点的精确位置，是路径对话的必要前提。尤其是车道级的路径规划、避障规划、可行驶区域迭代、执行过程中的规划补偿等关键环节，无一不需要高精度定位能力的随时可用。高精度定位不仅在环境感知和规划环境中需要用到，在自动驾驶的决策控制环节同样也需要在更精细的维度上频繁迭代调用，以适应自动驾驶车辆和环境的动态变化。

3．在V2X中的作用

在 V2X 环境中，V2X 系统与高精地图分工合作，基础设施（信号灯、标识牌等）通过RSU与车辆进行通信，车辆能够直接获取道路基础环境信息，并能够利用基础设施进行高精度定位和转向引导。高精地图主要用于车道规划和辅助对不能发射信号的基础设施的感知，如路肩、隔离带等。高精地图云中心可以通过与基础设施中的道路边缘计算网格进行通信，实现信息的收集与分发。道路边缘计算网格与车辆进行实时通信，车辆从道路边缘计算网格获取道路环境信息，并上报车辆传感器识别变化的信息，道路边缘计算网格经过初步处理后将数据发送到高精地图云中心，地图云中心综合多方证据信息进行处理，提前预测道路环境变化，并将可能引起道路交通恶化的预测信息发送给边缘计算网格通知车辆，车辆可以提前做出决策。

### 5.3.3　发展趋势

随着车路协同、新基建、交通强国等政策热潮的来临，高精地图不再局限于车端的应用，也催生出数字化交通、智慧城市等更为广阔的应用市场，预计会有以下三个方面的趋势。

1．高精地图标准研讨和建立

随着智能网联汽车、智慧交通和高精地图的深入融合及技术成熟，不断推动高精度地图向标准化方向发展。工业和信息化部、交通运输部、自然资源部、国家标准化管理委员会等不断加快编制和发布智能网联汽车、车联网、高精地图等相关标准规范。国际上，ISO、NDS、ADASIS、SENSORIS、OADF、TISA、Open LR、SAE-International、ETSI等标准化组织发布了自动驾驶和高精地图相关的数据交换格式、物理格式、动态信息存储格式、位置参考等标准规范，我国也可以借鉴和引入。

2．新型地图和新型测绘技术的发展和应用

随着各类传感器在车上成为标配部件，终端量产车成为地图数据采集和更新的入口趋势越来越显著，未来汽车既是地图的使用者，也是地图的生产者。基于高精度地图的应用也会延伸出各类新产品和服务，比如增强现实（Augmented Reality，AR）导航、城市基础设施资产管理、车道级定位服务等。

### 3．低成本高精度定位方案设计

多传感器融合定位虽然能在一定情况下满足不同场景的定位需求，但是高精度惯导设备以及高精度激光雷达成本较高，不宜开展大规模商业化应用。为了解决这个问题，可以考虑从算法的角度入手，重点研究卫星定位、视觉定位等低成本定位方案。通过对定位算法进行优化，实现低成本定位传感器设备的高精度定位。

## 5.4　信息基础设施

### 5.4.1　建设内容及应用

信息通信网络是支撑智能网联汽车与智慧城市协同发展的重要基础设施，它将"人、车、路、云"等交通参与要素有机地联系在一起，有利于构建一个更加智慧的交通体系。通过网络服务，智能网联汽车可以获得更加丰富的动静态道路环境和交通状态信息，为驾驶员和自动驾驶系统提供安全辅助；同时，智能网联汽车也可以通过网络与城市运营管理和交通服务平台进行互动，实现绿波通行、智慧泊车诱导、网联公交及RoboTaxi等高效便捷的出行服务。

服务于智能网联汽车的通信网络基础设施包括无线网络和有线网络两部分。无线网络主要用于车辆与路侧设施和云平台的移动性连接，有线网络主要用于路侧感知、计算等智能设备之间的连接、路侧智能设备与云平台之间的连接，以及跨业务平台之间的连接。根据不同的业务需求，通信网络需要满足特定的带宽、时延和时钟同步等性能要求。

### 1．无线通信网络

无线通信网络包含服务于车与车、车与路的蜂窝车联网（Cellular-Vehicle to Everything，C-V2X）直连通信，以及服务于车与云、人与云和部分路与云的5G Uu通信。

C-V2X直连通信包含LTE-V2X和NR-V2X，分别基于4G和5G蜂窝网通信技术演进形成V2X专用通信技术。C-V2X直连通信设备包括路侧单元RSU和车载通信单元（On Board Unit，OBU），通过3GPP全球统一标准定义的短距离通信接口（PC5）建立车车之间和车路之间的连接，完成面向安全、效率、信息服务、交通管理、高级自动驾驶等场景的短距离低时延V2X消息传输。

LTE-V2X已形成包含从通信协议到设备要求及测试方法等较为完善的技术标准体系，满足道路安全类、效率类应用的信息广播需求，可支撑车路协同辅助驾驶阶段的场景应用。2018~2020年的C-V2X"三跨""四跨"等大规模测试示范活动，进一步推动了LTE-V2X芯片/模组、OBU、RSU以及安全平台的互联互通和性能验证。我国已经实现车规级C-V2X通信芯片模组、车载终端和路侧设备的规模化量产，产业链、供应链日益健壮。华为、大唐、星云互联等多家厂商具备OBU和RSU设备量产能力，广汽本田汽车有限公司、上汽大众汽车有限公司、中国第一汽车集团有限公司等多家车企发布5G和C-V2X量产车型。

NR-V2X还处于标准制定阶段，3GPP于2020年7月完成Rel-16版本的NR-V2X标准，并在Rel-17版本中进一步优化功率控制、资源调度等相关技术，于2022年6月完成标准制定。相比于LTE-V2X，NR-V2X具备更高的传输速率和可靠性，同时在直连链路上扩展支持单播和组播通信方式，支持信息交互类业务需求。

5G Uu通信采用运营商已经部署的4G/5G网络，通过Uu接口，实现智能终端和车载OBU之间、车载OBU和云服务平台之间的长距离、大带宽、低时延数据通信。车辆可实时下载高清地图、语音和视频等信息，获得导航、娱乐、智慧泊车、远程驾驶等服务。

C-V2X和5G Uu互为补充，可以融合组网，共同构成5G车联网，满足智能交通、自动驾驶和车载娱乐不同场景的通信需求，并大大降低建网成本。在部署上，可充分利用5G网络已有的规模，提供大带宽、广覆盖的信息服务；同时，在重点路口路段部署C-V2X直连通信，实现安全辅助和效率提升应用。

2．有线通信网络

实时、准确和高效的交通信息是城市交通系统优化和管理的基础。城市交通管理架构至少会以两层模式设计，一是顶层交通信息管理平台，负责整个城市安全信息管理、交通安全管理、智慧车路协同管理等平台的业务，这些业务分布在不同的业务管理部门和政府职能部门管辖，需要一张骨干信息网传输所有的信息。二是局段交通信息控制平台，负责本地区域的数据连接和就地控制，将末端的执行设备和传感器连接起来，在完成本地控制策略的同时，负责将数据向上传输到城市级业务管理平台，同时还会承接上层业务系统对于本地的一些控制策略和信号的下发任务。

支撑这两大平台的城市信息通信基础设施主要包含骨干传输网和业务接入网两大部分，一是城市交通骨干传输网，城市交通骨干传输网的作用是汇聚来自各个局段的信息，将不同的信息传送至不同的信息系统中，骨干传输网中的传输信息涵盖所有的业务范围，为了满足不同业务数据的传输要求，骨干传输网OTN（Optical Transport Network）传输就成为必然的选择。OTN是以波分复用技术为基础的一种有线传送网，是目前长途传送网采用的主要技术手段。OTN概念涵盖了光层和电层两层网络，结合了光域和电域处理的优势，可以提供巨大的传送容量、完全透明的端到端波长/子波长连接以及高等级的保护，是传送大数据量业务的优选技术。二是城市交通业务接入网，智慧城市交通业务接入网主要由路段接入网和路口接入网两类场景组成，其中路段主要功能是监控车辆和行人的实时交通状况、负责城市道路未来车路协同的数据感知和控制，以及交通指示等功能，涉及高清摄像头、雷达、信号控制器等设备的接入；路口主要包括交通信号控制系统和电子警察系统两大功能性系统，交通信号控制系统主要接入信号控制系统、红绿灯、诱导屏、供电线缆、流量感知设备等，电子警察系统主要接入电警立柜系统（红灯检测器）、管理控制平台、摄像机（枪机、球机）、雷达、曝闪灯等。

通过以上分析，可以得出城市交通业务接入网涉及大量业务设备的接入，因此对于接入设备的数量能力有极高的要求，由于涉及的业务数据类型较多，对大带宽、低时延和低抖动等特性均有较高的要求，对于网络的稳定可靠运行、施工和维护的简单程度也有很高的要求。

### 5.4.2　发展趋势

未来支撑"双智"协同发展的基础网络还会继续向高效、智能的方向发展，主要有3个发展方向。

一是全光基础承载网，一跳上云。城市未来的治理业务会向多元化、集中化、个性化发展，大量的数据信息平台会以云化的方式存在。光传送网支持高度的Mesh化组网，保证业务传输的快速性，也保证业务传输的安全性；光接入网以覆盖范围广、高带宽、易扩展的特性赋能各种数据的接入，全光传送和全光接入的网络组合方式使各种业务和末端信息设备可以一跳直达云端，保障设备和业务上线的及时性。

二是一网通办，多业务承载。智慧城市业务在向人民生活的各个角落渗透，服务能力不断增强，服务的种类也越来越多。因此智慧城市的业务数量和数据数量也会随之以几何倍数增长。不同的业务各自建网是对网络资源的一种浪费，未来网络作为基础设施的作用会逐步加强，对于不同业务的承载能力要求也会逐步提高，因此全光网络的大承载、长距离的能力会继续得到更广泛的应用。

三是网络制式统一，提升性能。不同的网络制式意味着业务在设备之间传递需要更多的数据和协议的转换工作，也就带来更多的时延和效率的损失。网络制式的统一可以保证业务之间传输管道的畅通，最大限度地提高数据传输的效率，保证所有业务的传输性能需求。全光网络以其大带宽、低时延、光连接的特性，已经在智慧城市、智慧交通的各个方面发挥着重要作用，未来将会不断演进，更好地服务于"双智"协同发展。

# 第6章

# 建设"车城网"平台

## 6.1 "车城网"平台内涵及价值

依托城市智能基础设施,广泛汇聚车端和城端的动静态数据,并统一接入"车城网"平台进行管理,实现平台、汽车、基础设施等要素的对接,赋能智能网联汽车和智慧城市应用,为城市精细化治理提供支撑(图6-1、表6-1)。车城网的内涵可分为3个层面,一是物理层面,实现城市智能基础设施与智能网联汽车的互联互通以及数据共享;二是应用层面,基于"车城网"平台,第一阶段可开展城市基础设施管理和车辆运行管理的应用,第二阶段可以开展车城融合的应用,如智慧公交、Robotaxi、城市灾害预警以及路网优化等;三是价值层面,通过"车城网"平台,可以实现多源异构数据的汇聚、处理以及融合应用,实现数据价值最大化。

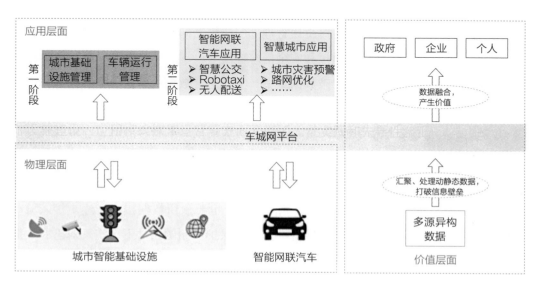

图6-1 "车城网"平台内涵

(资料来源:中国电动汽车百人会)

动态和静态数据情况 　　　　　　　　　　　　表6-1

| 数据类型 | 数据内容 | 数据特点 |
|---|---|---|
| 静态数据 | 地理信息、城市模型、建筑模型、地下管网、停车场及气象数据等 | 数据量较小，修改操作较少 |
| 动态数据 | 车辆运行信息、交通流数据、路侧道路信息、交通信号及车辆事故信息等 | 数据量巨大，插入规模和频率巨大，数据的删除和修改操作极少 |

（资料来源：公开信息，中国电动汽车百人会整理）

一是充分发挥"车城网"平台物联融合感知的作用。通过建设"车城网"平台，充分运用新一代信息技术，对智能网联汽车、城市道路设施、传统市政设施、通信设施等要素进一步数字化，采用统一的接口、标准及规范，接入平台进行管理、运营和维护，打造车城一体的融合感知体系，支撑实现城市全面感知和车城互联。武汉市正依托"车城网"平台，建设城市物联感知系统，拟实现城市全要素动静态信息的全息展示和数据画像，推动建筑、道路、车辆、设施等信息一网感知，形成车城融合一体化基础能力，为相关业务应用、决策及产业发展提供强大的基础能力支撑。

二是推动"车城网"平台支撑开展多元化的应用。依托"车城网"平台，大量接入城市智能基础设施与智能网联汽车数据，首先可支撑城市管理部门开展基础设施和车辆的日常运行管理等。随着"车、路、城"等数据的不断融入，可进一步探索车城融合领域的应用。比如针对Robotaxi，通过平台对路侧设施采集的道路信息进行处理和分析，并及时将结果反馈给智能网联汽车，实现车城数据共享，保障行车安全；针对路网优化，通过平台实现对逆行、车辆故障、异常停车、闯红灯、超速行驶等交通事件的监测以及远程可视化，支撑交通管理部门决策，同时也可对附近运行车辆进行基础数据推送、道路事件检测播报和安全信息提醒等。

三是通过"车城网"平台突破数据壁垒，实现融合数据价值最大化。当前，不同部门间和不同领域间数据融合共享存在较大挑战，部分数据格式不统一、频度和数据量不匹配。通过践行"统一规划，统一建设，多方应用"的建设原则，在充分征集城市各部门、各区域需求的基础上，建成数据融通、可扩展的"车城网"平台。通过分析和治理后，将多源异构数据转化为结构化数据，便于机器阅读和学习，更高效地支撑开展各类车城融合应用。同时，"车城网"平台也要预留数据接口，逐步接入城市各部门已有平台和数据，在落实分等级数据安全保护机制的条件下，实现对已有数据的充分应用。

## 6.2 "车城网"平台主要内容

### 6.2.1 平台架构体系

"车城网"平台是建设智能网联汽车和智慧城市基础设施协同发展的重要支撑。通过打造统一开放、互联互通的"车城网"平台,实现车城数据融合、智能联动,支撑生态实现应用场景创新。"车城网"平台向下连接设施设备和相关系统,向上服务业务应用,全方位赋能智能交通、交通管理、居民出行、物流场景、城市管理、自动驾驶等应用。"车城网"平台包括数字基底、智能引擎、开放平台三层,整体架构如图6-2所示。

**1. 数字基底**

数字基底融合高精地图数据、城市感知数据、网联动态数据,构建城市全要素、全空间可计算"双智"一张图,提供全时空统一数字基底能力。

数字基底基于全新云原生架构设计,形成一点建设、多点复用、有机互联、一体运管的"车城网"数据基底。根据城市地理信息数据源、模型精度、业务场景需求,支撑融合实时物联感知数据,以泛在物联感知和智能化设施接入为基础,横向拉通各业务平台的数据共享,以统筹建设、运维、服务为核心,以开放共享业务赋能为理念,向下可接入设备,兼容适配各类协议接口,提供感知数据的接入、汇聚和边缘计算,支持多级分布式部署,推进信息基础设施集约化建设,实现设备统筹管理和协同联动;向上可向车城网开放共享数据,实现数据互联互通,为各类应用赋能,支撑数据创新应用培育。

数字基底满足"车城网"平台应用服务开发所需的关系数据库、消息缓存、文档数据库、Elasticsearch、时序数据库等数据库服务。提供面向不同数据类型的多类型存储系统,包括但不限于对象存储、磁盘块存储、实时数仓等不同形式的存储系统,满足多源异构、多种类数据存储需求。

**2. "车城网"一张图**

"车城网"一张图融合二、三维地图数据组件和二、三维地图引擎组件,是数字基底的重要组成部分,通过对智能网联路段、路口高精地图数据采集,利用可视化引擎、高精度定位引擎等为"车城网"应用提供数据管理、可视化、接口服务及高精度定位服务等,支撑运营管理,例如数字孪生、大屏可视化(智能驾驶舱)、路侧设备标定、车城网场景示范,再例如V2X安全、效率、信息服务应用,智慧出行以及高精度定位等多种应用,同时也为智能交通、交通管理、居民出行等场景提供服务。其功

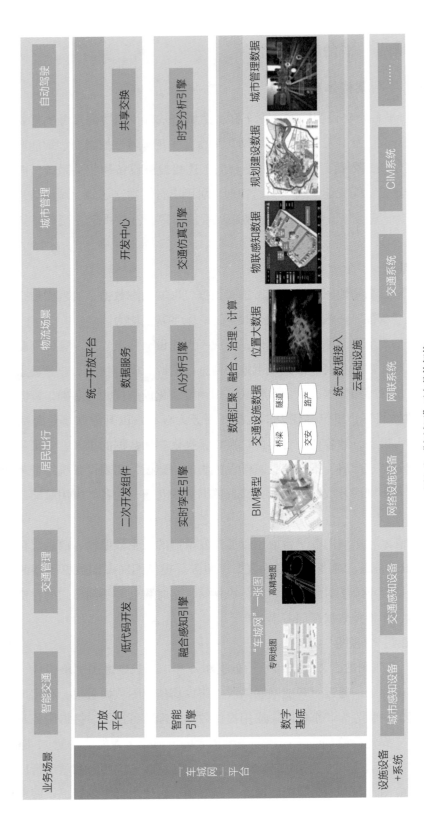

图6-2 "车城网"平台整体架构

（资料来源：中国电动汽车百人会，腾讯智慧交通事业部）

能特点如下：

一是全流程自动化生产，高精地图采用自动化生产流程，集合了基于2D/3D场景下的深度学习与传统方法优势，SD/HD一体化资源，聚合优势、统筹应对应用场景，高效率、高质量、高自动化比例完成高精地图要素的自动提取。

二是交通要素全面覆盖，"车城网"一张图实现了道路交通最全要素的采集、展示及管理，对智能网联场景可以进行定制化采集及处理，主要包括道路上涉及的各种类型的交通设备设施（监控感知设备、边缘计算设备、通信设备、标识标牌、杆件等）、路面标志标线（路口渠化、中心线、指示箭头、行驶标识等），同时建立了道路级及车道级拓扑连接关系，精准还原了道路每个车道之间的通行关系，为数字孪生、数字化管理、车辆动态数据加载等提供基础支撑。

三是高精准度质量保障，"车城网"一张图在数据采集、数据处理、元素识别等流程都采用了基于深度学习的全自动化识别，并运用实时动态差分技术（Real Time Kinematic，RTK）等方案获取精准位置信息，同时为了避免由于自动识别产生的误差及错误，增加了人工验证环节以确保地图自动创建过程正确进行，多种高科技手段的运用保障了"车城网"一张图的高精准度。

四是"车城网"应用深度定制，根据"车城网"试点建设需求，"车城网"一张图在高精地图基础应用功能之上，提供了结合智能网联应用的深度化定制功能，包括路段、路口交通感知设备标定支持、感知设备状态接入、交通参与者动态信息接入、数字孪生及大屏展示融合、公众车道级高精地图发布等，通过这些功能的加持，使得高精地图与车联网应用场景互联互通，更易于达成"车城网"数字基底建设目标。

五是开放接口对接生态，车城网场景建设涉及车—路—云—图等多种类内容，涉及行业多方生态，"车城网"一张图为各种生态合作伙伴提供开放便捷的应用接口，从二、三维地图数据组件到二、三维地图引擎组件，经过封装后统一提供，同时结合"车城网"业务需求，将动态数据接入、大屏展示融合、路侧设备标定等引擎封装为标准接口，生态合作伙伴可以直接调用这些接口，快捷地开发出与"车城网"业务相关的场景。

### 3. 智能引擎

智能引擎强化云计算、大数据、人工智能、数字孪生、模拟仿真等先进技术，打造融合感知引擎、实时孪生引擎、AI分析引擎、交通仿真引擎、时空分析引擎，打造可感知、可计算、可决策的智慧"车城网"。

（1）融合感知引擎

融合感知引擎帮助用户实时、准确地获取"车城网"运行数据，实现全方位、立体式、多维度监控和跟踪，为态势研判与决策提供精确、实时、稳定的感知数据。基于雷视融合算法，路侧感知系统受环境影响小，能够实现全天候精准感知，感知系统与高精地图融合，能够提供车道级感知能力；基于目标检测与融合跟踪等算法，为用户提供车辆检测、轨迹跟踪等功能，帮助管理者从全局角度对道路交通进行协调，辅助进行科学决策；感知系统提供智能分析引擎，可以实现多事件检测、交通事故检测等功能，帮助运营管理者快速对异常事件进行反应，降低路网运行负荷，提高路段通行能力。

（2）实时孪生引擎

实时孪生引擎综合运用感知、计算、建模等信息技术，通过软件定义对物理空间进行描述、诊断、决策，进而实现物理空间和虚拟空间的交互映射。通过整合云计算、物联网、大数据、AI、仿真等方面的优势和能力，打造全感知、全联接、全场景、全智能的实时孪生。"车城网"实时孪生引擎，实现静态场景与动态场景的结合，建立"车城网"实时数字孪生场景。结合车辆精细化模型等动态实时交通流模型，以及基于城市真实场景的3D典型建筑物精细化模型等静态场景，对3D高精度地图可视化渲染、2D地图路网覆盖渲染、3D建筑物模型实时渲染、网联车辆实时动态渲染、路侧点位信息渲染、场景效果渲染。

（3）AI分析引擎

AI分析引擎面向"车城网"提供结合业务场景AI算法与AI工具双轮驱动的全栈式人工智能开发服务平台，致力于打通包含从数据获取、数据处理、算法构建、模型训练、模型评估、模型部署到AI应用开发的全流程链路，快速创建和部署"车城网"AI应用。一是AI开发全流程支持，提供从数据标注、数据处理、模型训练、自动学习、模型评估到模型发布部署的全流程支持；提供模型优化、服务管理、应用服务编排、云边端调度等功能，快速接入模型、数据和智能设备，从而构建智能应用。二是可视化便捷开发，提供可视化拖拽式建模工具，交互式代码开发环境，训练软件开发包等不同使用门槛的建模工具。预置丰富的可视化算子与框架，支持结合业务场景灵活组合预置算子组件可快速构建训练流程，支持与模型服务对接。三是内置丰富的AI场景算法，结合"车城网"业务场景，内置交通运行拥堵预测、异常事件预警、通行轨迹追踪、驾驶员安全监测、行人非机动车管控分析、机动车交通违法分析、区域人/车密度监测、设备故障图谱推理、道路智能巡检、语音助手、智能客服等AI应用算法模型。

（4）交通仿真引擎

交通仿真引擎，在人、车、路、城数字基底的基础上支持中观和微观的仿真平台，支持对仿真结果可视化，同时也提供了分析、快速预测等辅助模块。中观仿真可仿真道路级别交通流状况，计算性能高，仿真区域面积大，可支持城市级等大区域的仿真。微观仿真则以单个的车辆、车道为建模单元，能准确、灵活地反映各种道路和交通条件的影响，更适合规模较小、精细理解各车辆运行状况的场景。

中观、微观仿真既支持传统离线仿真，同时也支持前沿的在线实时仿真，为"车城网"等场景预测和管理交通状况提供支持。在离线仿真方面，通过数字基底提供的数据，对模型参数进行校准，如交叉口饱和流率、道路通行能力、交通流模型相关参数等，以确保实时仿真的准确性。同时，离线仿真模型还可以应用于路网信号优化、应急预案评估和道路设计方案评估等场景。在实时仿真方面，利用离线仿真模块标定校准的参数，结合在线实时的仿真车辆运行状况，并能根据交通出行量数据，预测未来一定时间的交通状态。

（5）时空分析引擎

在"车城网"数字基底中，大部分数据均为时空数据，如车辆GPS数据、激光雷达点云数据、车网流量数据等。面对各种类型的海量时空数据，时空分析引擎实现了"车城网"人、车、路、城的时空态势分析，助力解决城市拥堵成因挖掘、人员出行量、交通事故后果推演与处置决策仿真、危险品运输路线评估、交通运力投放策略设计等多种场景。

4．开放平台

开放平台搭建一套统一、可运营的服务系统，向下连接开放引擎，向上服务业务应用。通过开发模式、建设模式、运营模式的转变，帮忙新业务建设快速复用已有技术积累，降低使用门槛，助力"车城网"应用创新。

开放平台借助沉淀数字基底数据和智能引擎能力，通过低代码开发平台、低代码操作平台降低地图技术使用门槛，方便建设、养护、运营、管理等不同的业务人员，简单操作即可自定义编辑出想要的地图样式，并实现一键绑定业务应用。开发平台通过统一建设、统一注册、统一运营、统一服务、统一管理，助力车城网业务发展降本增效，实现数字经济变现，为"车城网"建设属于自己的公共服务平台。主要功能包括面向开发者提供个人中心、监控中心、项目管理、应用管理、服务中心、开放商城等功能模块；面向平台运营管理者提供组织管理、权限管理、配额管理、开放管理、费用管理、商城运营等功能模块。

### 6.2.2 数据接口

"车城网"平台为各类应用平台提供基于车辆及其行驶环境相关的各类实时、准实时和非实时的基础数据，以及通过容器化管理和统一接口，按需提供安全、高效、舒适、节能等维度的共性服务。具体服务主要有面向行驶安全的感知与预警等相关实时数据服务，以及面向行驶效率和节能的决策与控制服务。

标准化数据交互规范和分级共享接口，实现多级云架构下的数据标准化转换，提升信息共享能力以支持远程驾驶、辅助驾驶和安全预警等云控应用的运行。一是标准化分级共享接口，与边缘云类似，包括标准化数据交互规范和分级共享接口，支持车辆编队行驶、道路监控预警、路径引导和路侧设施远程控制等广域范围云控应用的运行。二是标准化分级共享接口，与边缘云和区域云类似，包括标准化数据交互规范和分级共享接口，支持全局道路交通态势感知、道路交通规划设计评估、驾驶行为与交通事故分析、车辆故障分析和车险动态定价分析等全局范围云控应用的运行。

**1. 数据管理**

（1）数据接入

通过部署信息服务组件、数据复制、ETL等工具，将"车城网"车、路、城等各类结构化数据、非结构化数据、内部数据、外部数据汇聚到数据基底，实现"车城网"数据的统一接入管理，打造一个高效、便捷、安全的数据共享交换空间。

接入范围包括路侧设备采集数据、车端数据、第三方平台数据等。

一是路侧设备采集数据，主要包括摄像机（含枪机、球机、鱼眼等各类）视频数据、雷达（含激光雷达、毫米波雷达）数据、边缘计算数据、RSU数据以及其他设施数据。

二是车端数据，主要包括车端摄像机抽帧图片数据、自然驾驶数据、测试监管视频数据、业务运营数据以及应用创新数据等。

三是第三方平台数据，主要包括提供与外部第三方平台进行数据对接与数据共享的能力，包括与CIM平台、大数据中心等数据对接和共享，以及满足数据类型、传输协议、业务场景等内容。

（2）数据处理调度

提供可视化的开发处理界面，提供批量数据的探查、清洗、转换、加载、关联、融合的数据处理能力，以及实时数据的落地、统计、解析、分析等处理能力。提供可视化的数据任务调度能力，提供各类数据的抽取、转换、加载、调度、监控能力，支持10万级的任务调度，包括复杂任务依赖、灵活的调度频率设置以及自定义调度参数。

（3）数据存储计算

数据基底提供"车城网"平台应用服务开发所需的关系数据库、消息缓存、文档数据库、Elasticsearch、时序数据库等数据库服务。提供面向不同数据类型的多类型存储系统，包括但不限于对象存储、磁盘块存储、实时数仓等不同形式的存储系统，满足智能数据中台多源异构、多种类数据存储需求，满足对接其他业务应用平台数据统一存储需求。

（4）数据资产管理

数据资产管理平台，实现对数据资产体系的元数据、数据质量、数据标准、数据模型的全面管控。

一是元数据管理，元数据是关于数据的数据，包括关于企业使用的物理数据、技术和业务流程、数据规则和约束、数据结构、安全等方面的信息。元数据管理实现自动从大数据平台获取相关元数据，具有元数据内容管理与元数据实体关系维护等功能，并提供查询、统计及分析功能，如血缘分析与影响性分析。

二是数据质量管理，建立完善的数据质量分析机制，实现"车城网"平台对海量信息资源的质量检查和控制，并提供相应的数据质量分析报告，是确保数据质量的关键。数据监测将不符合"车城网"质量标准的数据打回重新进行加工处理，直至符合相关质量标准。通过数据质量监测，配置数据采集、应用等不同流程的数据质量监控模型，从技术监测和业务逻辑校验出发，实现各业务系统数据源头采集、传输、应用全流程的规范性、一致性、准确性检查。实现基于不同来源业务系统数据的逻辑校验和监测管理，为进一步规范源头数据采集、规范业务流程应用提供服务支撑。

三是数据标准管理，数据标准管理是为了辅助数据标准的推广与实施，为相关业务分析人员提供标准之间关系的分析与浏览；对于系统开发与维护人员，提供一个可以方便获得的技术标准的平台。实现各类标准的管理与查看，实现标准与系统间的映射关系。

2．接口管理

（1）路侧设施之间的相关数据接口

一是路侧感知设施与路侧计算设施间的接口，路侧感知设施包括摄像机、毫米波雷达、激光雷达等多种类型的传感器，路侧计算设施应支持接入多类型路侧感知设施，根据应用场景支持不同类型感知设施的选型和配置。路侧感知设施与路侧计算设施间的接口应支持摄像机、毫米波雷达、激光雷达等路侧感知原始数据的接入，以便路侧计算设施进行多源异构融合感知；也应支持摄像机、毫米波雷达等智能路侧感知设施直接输出感知结构化数据，包括机动车/非机动车/行人等交通参与者信息、交通事故/障碍物等交通事件信息、道路路面状态信息、交通运行状况信息等。

二是路侧计算设施与路侧通信设施间的接口，路侧通信设施主要是C-V2X路侧通信设备RSU。路侧计算设施需要将感知计算结果传输给RSU；在路侧与交通管控设施连接的情况下，将信号灯信息传输给RSU；需要支持V2X业务数据的传输。

三是路侧交通管控设施与路侧计算设施或路侧通信设施间的接口，根据具体的应用方式，路侧交通管控设施（如交通信号控制机）可与路侧通信设施连接，也可与路侧计算设施连接。路侧交通管控设施可将道路交通信号控制机的运行状态、信号控制方式、信号灯灯色状态等信息发布给路侧计算设施或路侧通信设施，以支持智能网联汽车应用和智慧交通应用。根据应用场景，还可实现公交车等特种车辆的信号优先请求和响应。

（2）"车城网"平台的相关数据接口

一是"车城网"平台与路侧设施间的接口，视具体的部署方式，"车城网"平台可与路侧设施的中心单元（如路侧计算设施）直接相连，也可与路侧通信设施乃至路侧感知设施直接相连。"车城网"平台与路侧设施间的接口包括业务数据接口和运维管理接口，见表6-2、表6-3。

业务数据接口　　　　　　　　　　表6-2

| 序号 | 类别 | 数据类型 |
|------|------|----------|
| 1 | 感知原始数据 | 实时视频流、实时雷达点云数据等 |
| 2 | 感知结构化数据 | 机动车/非机动车/行人等交通参与者信息、交通事故/障碍物等交通事件信息、道路路面状态信息、交通运行状况信息 |
| 3 | 信号灯数据 | 信号灯相位信息 |
| 4 | 车辆特征类数据 | 车身颜色、车型、车辆子品牌 |
| 5 | 交通指标类数据 | 排队长度、车流量、车流平均速度、车道占有率、车头时距、车头间距 |
| 6 | V2X业务数据 | BSM、RSM、RSI、MAP、SPAT消息报文 |

（资料来源：中国电动汽车百人会，腾讯智慧交通事业部）

运维管理接口　　　　　　　　　　表6-3

| 序号 | 类别 | 数据类型 |
|---|---|---|
| 1 | 静态设备管理类数据 | 设备名称、序列号、类型、型号、生产厂商、运营状态、路口信息、点位信息、外参信息、内参信息 |
| 2 | 动态设备管理类数据 | 设备状态数据（设备是否在线状态、设备是否正常工作等）、设备配置类数据、设备升级数据等 |

（资料来源：中国电动汽车百人会，腾讯智慧交通事业部）

二是"车城网"平台与CIM平台间的接口，"车城网"平台与CIM平台接口数据主要包括时空基础数据与物联感知数据。其中，时空基础数据以行政区划、电子地图、测绘遥感数据、三维模型为代表；物联感知数据以建筑、市政设施、气象、交通、生态环境为代表。

三是"车城网"平台与第三方平台间的接口，根据具体的"车城网"应用，"车城网"平台可与众多其他第三方平台打通数据，包括但不限于车辆管理与服务平台、交通安全与交通管理平台、地图服务平台、气象服务平台、出行服务平台以及其他第三方平台。

（3）应用终端与平台或路侧设施间的相关数据接口

应用终端是"车城网"服务的载体，是大众获得感知度的直接入口，包括C-V2X专用终端以及4G/5G等通用终端。

一是专用终端与路侧通信设施间的接口，专用终端主要是指C-V2X OBU和C-V2X RSU进行直接的数据通信，用于BSM、RSM、RSI、MAP、SPAT等消息报文的传输，业界已经制定了《基于LTE的车联网无线通信技术 消息层技术要求》YD/T 3709—2020以及《增强的V2X业务应用层交互数据要求》YD/T 3977—2021用于规范两者之间的数据接口。

二是通用终端与"车城网"平台间的接口，通用终端主要是指具备4G/5G接入能力的终端，包括智能手机、车机以及智能后视镜等后装车载终端。基于上述终端，依托移动互联网上的各类应用，如移动应用程序（App）、小程序等，通过路侧感知设备、中心云、边缘云，以及移动智能终端的云边端协同，大众可以获得相关的"车城网"应用服务。

### 6.2.3 运营与服务

**1. 提供宏观交通数据分析与基础数据服务**

基础数据服务是指依托宏观交通大数据和车辆大数据管理及服务系统的资源管理

与分析，提供包括数据交易服务、数据采集服务、数据应用服务、数据增值服务等。运用大数据对数据进行监测，不仅能为政府提供宏观经济数据，同时在中观上也能反映一个产业的发展动态，在微观上还能反映一个车企或品牌的信息，有助于精准助力汽车产业供给侧结构性改革。数据价值挖掘与基于大数据的信息服务将成为市场热点。对于车企来说，在确保数据隐私安全的前提下，可以深度解析用户行为，提供精准人群标签和用户画像，并在此基础上探索实现更多商业模式上的应用和变现。

**2．提供车辆驾驶服务**

实现预测性故障诊断与预防性保养维护、基于驾驶特性或使用特性的定制化保险、精细化交通工况分析与预测、交通管理建议等交通管理服务，交通规划、城市规划、应急预案规划等政府事业服务。典型应用场景如下：

（1）园区内部车辆运营。面向园区、景区、机场、港口、住宅小区等场景，在特定功能的封闭区域内运营内部车辆运载服务。

（2）开放道路车辆运营。面向公共交通、共享出行、物流等固定任务载人或载物等场景，在城市与高速公路上运营车辆运载服务。

（3）社会车辆网联驾驶辅助服务。面向个人出行与交通管理，提供对公共道路上社会车辆宏观与微观驾驶行为进行辅助的服务。

（4）社会公共服务。执勤车辆优先帮助执行医疗、路政、消防、公安等社会公共服务车辆优先通行。

（5）基于车辆的社会安全管理。基于社会与国家安全考虑，对智能网联汽车进行强制管控。

### 6.2.4　安全与保障

**1．平台安全与保障**

（1）采用等级保护的思路建设安全保障体系

平台的安全保障体系应该是在第三方风险评估机构充分分析系统安全风险因素的基础上，通过制定系统安全策略和采取先进、科学、适用的安全技术对系统实施安全防护和监控，使系统具有灵敏、迅速的恢复响应和动态调整功能的智能型等级化系统安全体系。

"车城网"平台建设的安全体系包括可靠性、可用性、完整性、保密性、不可抵赖性和可控性6个方面。技术体系与管理体系是平台安全不可分割的两个部分，两者之间既互相独立，又相互关联，在一些情况下，技术和管理能够发挥它们各自的作用；在另一些情况下，需要同时使用技术和管理两种手段，实现安全控制或更强的安全控制；大多数情况下，技术和管理要求互相提供支撑以确保各自功能的正确实现。

（2）安全技术保障体系

安全技术保障体系从物理安全、网络安全、系统安全、应用安全和数据安全等进行建设。

物理安全是指针对机房及运行环境的安全措施和设施。"车城网"平台所在的IT环境应该从基建或机房环境着手，尽可能地完善这方面的建设。

网络安全是指整个网络系统本身的安全，包括对非法用户的有效隔离、对恶意网络攻击的防护、对网络可用性的保证等。网络安全主要从安全域划分、边界安全、入侵检测、网络防病毒体系等进行建设。

系统安全是指针对系统硬件及其操作系统的安全性，特别是数据中心的各种服务器系统、存储与备份系统等的安全性。系统安全性包括系统运行的安全性、系统资源使用与登录的安全性、主机系统与桌面系统的安全管理等方面。

应用安全是指针对交易加密、身份认证、身份识别、数字签名、分级授权等方面的安全措施，最终目的是保证业务应用系统的安全。

数据安全是指在业务系统正常应用中保证数据的机密性和完整性，以及安全备份机制。

（3）安全管理保障体系

安全管理保障体系从安全管理机构、安全管理制度、人员安全管理、系统建设管理、系统运维管理、安全应急响应等进行建设。

安全管理是指针对人员、制度、教育、评估的软性的管理层面，着重于建立完善的安全体制和保护措施，并提供有效的方法。大量的实践证明，单一的信息安全机制、技术和服务及其简单组合，不能保证信息系统的安全、有序和有效运行，一个完整可控的安全体系必须依靠人工管理和技术手段相结合。因此，采用成熟的技术手段以后，还要建立一套完善的安全管理规范，从而有效控制技术风险和管理风险。

对数据资源中心涉及的信息系统建立基于业务的IT系统运维流程、IT运营制度体系、IT应急预案体系等安全运维体系，从组织、人员、应急三个要素进行建设，以保证平台的安全管理保障体系能进行安全、有效的健康运营。

## 2．车联网安全与保障

按照工业和信息化部于2021年9月16日印发的《工业和信息化部关于加强车联网网络安全和数据安全工作的通知》（工信部网安〔2021〕134号），在"车城网"平台中，需要对车联网网络安全防护，包括车联网网络设施和网络系统安全防护能力、车联网通信安全、车联网安全监测预警、车联网安全应急处置、车联网网络安全防护定级备案。需要加强车联网服务平台安全防护，包括平台网络安全管理、在线升级服务（OTA）安全和漏洞检测评估、应用程序安全管理。需要加强数据安全保护，包括数据分类分级管理、数据安全技术保障能力、数据开发利用和共享使用、数据出境安全管理。需要健全安全标准体系，加快车联网安全标准建设。

# 第7章

# 开展车城融合应用

## 7.1 面向智能网联汽车的应用

开展"双智"应用要以同时服务于汽车、交通和城市发展需求为主线。通过建设城市智能基础设施和"车城网"平台，夯实智慧城市发展基础，加速智能网联汽车落地应用。在条件成熟的区域，面向智能网联汽车开展智慧公交、Robotaxi和无人配送等应用，改善居民出行和生活。

### 7.1.1 智能公交

在交通强国、新基建的推动下，公共交通行业不断演进，从智慧公交站台、智慧场站枢纽、智能路标等基础设施的升级改造；到基于车路协同的智慧公交车辆，集主动安全驾驶行为检测预警、精细化客流采集、AI视频分析等功能于一体；再到自动驾驶公交在园区、出行首末端的示范应用，定制公交、大站快车、班车和校车等多元新型服务；以及在"双碳"目标的驱动下对绿色出行和一体化出行的发展需求，公共交通工具在城市交通中被赋予更多的使命，成为智慧交通与智慧城市发展的强大助推器。

#### 1. 主动式公交优先系统

制约公交无法保持吸引力的重要因素在于准点率不高，如能让公交达到地铁类似的准点准时运行效果，即可解决这一重大痛点。过去若干年对公交进行改造提升的主要手段是物理式地设置公交专道，比如以BRT使公交车具备优先通行权，这一相对静态的方式，在实际应用中路权分配效益较低，且容易浪费资源。在城市化早期，城市路网相对不密集，BRT的效用相当明显，但随着城市中私家车越来越多，物理式专用公交车道逐渐因占用过多道路资源而被质疑其广泛适用性。

智能网联技术的发展给解决问题带来了机遇。如图7-1所示，主动式公交系统的智慧公交，通过对公交车辆及交通信号灯进行网联化的改造升级，运用基于C-V2X的车路协同技术，使得公交车辆拥有与道路通信的能力，能够在交叉路口享受优先通行的权利。具体技术路径为：当装载有车载单元OBU的公交车接近交叉路口时，车载OBU设备和路侧RSU设备进行信息交互，OBU接收到RSU下发的地图信息后匹配自身路径，从而确定公交车在该路口的转向信息，然后将公交车基本数据（位置、速度、行驶方向、载客率等）通过RSU上报到云控平台，之后根据各公交车信息进行公交车辆过滤、优先级排序和优先请求号匹配，生成对应的优先请求信息下发至信号控制机，信号控制机根据优先请求优化控制路口信号配时方案，执行包括绿灯延长、红灯截断或直接通过等几种优先策略，尽可能给予公交车更多路权。技术关键在于车辆和路口信号控制机的厘米级定位、毫秒级延时的实时信息交互，如图7-2所示。

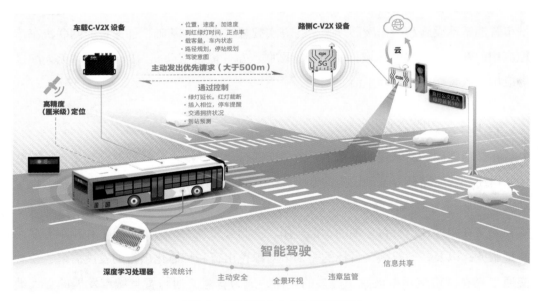

**图7-1　希迪智驾主动式公交优先系统**

（资料来源：希迪智驾，腾讯智慧交通事业部，中国电动汽车百人会）

整个方案实施简单，无须大量的土建施工，对现有公交车后装智能网联车载单元OBU进行网联化改造，对交通信号灯进行网联化改造即加装智能网联路侧单元RSU并与交通信号控制机交互通信。

**2. 最后一公里自动驾驶网联小巴**

针对大型产业科技园区、大学城片区等场景，公共交通工具往往存在"最后一公里"的痛点问题，导致民众不得不选择私家车出行。在此背景下，依托智能网联技

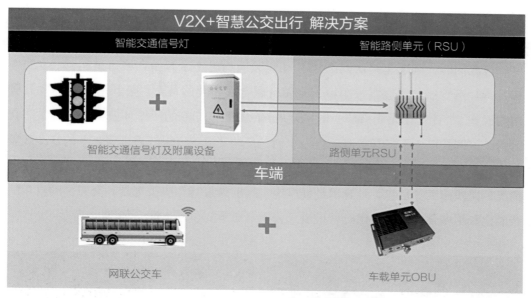

**图7-2　希迪智驾主动式公交优先系统解决方案示意图**
（资料来源：希迪智驾，中国电动汽车百人会）

术，打造需求响应式网联公交服务。采用固定站点、开放线路的运营方式，通过C端产品为片区内民众提供实时呼叫或者预约服务，后端云控中心系统实时聚合匹配，实时生成最优动态路线，以任务下发的方式提供给驾驶员，按顺序接送民众；同时在公交车辆运行过程中，持续加持智能网联信号优先技术，为片区内民众提供高品质的需求响应式服务。此外，自动驾驶小巴也是此类场景中不错的应用。

**3. 助力智慧城市监管体系**

公交专用车道被占用的现象时有发生，导致公交通行效率降低，且运营监控平台对违规占道取证难，通过公交车载传感器设备和环境感知算法，可对违规占用公交车道的社会车辆进行识别、拍照取证并上报监管平台。同时，通过车内监控摄像头和行为分析算法对驾驶员行为进行实时预测分析，如出现疲劳驾驶、抽烟、打电话等违规行为时，系统将进行语音提醒和取证，有效保证乘客出行安全。

**4. 实践案例**

以长沙梅溪湖—高新区智慧定制公交为例，应用主动式公交优先系统的定制公交，实际上较私家车按照地图推荐线路的通勤时间平均节省约27.5%，较相似线路、同时段普通公交车通勤时间平均节省约30%，约24.7%的乘客原来是私家车出行，现在由于公交优先更快，就改乘公交出行，实际大大缓解了交通压力，降低了碳排放。根据湖南省联创低碳经济发展中心计算，如果长沙市几千辆公交全部改造完成，每年节省的碳排放将达到250万t。另外，据部分乘客反馈，由于公交优先的定制公交，原来40min的通勤时间缩短为20min，所以他们非常开心。

与此同时，基于车路协同的5G自动驾驶网约巴士也开始在城市试运营。2021年10月，轻舟智航与无锡雪浪小镇未来园区联合发布全国首个"公开道路5G自动驾驶网约巴士"，计划在无锡市核心区域开展3条总长约15km的微循环公交线路的常态化运营。该网约巴士不仅具备避让行人车辆、自动变道、红绿灯识别等基本的自动驾驶能力，还可以基于5G通信技术实时获取交通信号灯相位信息、远处道路交通参与者情况、路段施工等信息，计算出最佳车速，提前做好行车决策规划，有力推动汽车的智能化和网联化，为解决出行"最后三公里"难题提供新方案，如图7-3所示。

图7-3  无锡"龙舟ONE"无人驾驶小巴

（资料来源：轻舟智航，中国电动汽车百人会）

### 7.1.2  自动驾驶出租车

随着"双智"城市的经验做法推广到更多城市，更多的路侧智能基础设施建设进一步加速了自动驾驶出行服务的落地进程；自动驾驶出行服务的推广也反过来助推"双智"城市建设协同发展。在"双智"实践中，通过路侧智能基础设施，为多业务种类L4级自动驾驶车辆提供高精度、低延时、稳定可靠的协同感知数据，闭环多个车路协同自动驾驶场景，保证了自动驾驶出行服务安全运营，为乘客提供高质量体验，支撑自动驾驶出行服务的有效落地。

通过自动驾驶出行服务常态化深入的服务运营，可以有效获取丰富的真实道路的行驶数据以及各类客户的多样化需求，这是自动驾驶技术迭代升级和完善的重要支撑。自动驾驶出行服务的规模化运营，将从车端获取大量数据，随着运营里程数的增加、各类路况的处理和应对，在拓展服务的同时，努力应对中国复杂交通环境的独特技术挑战，进一步完善L4级别自动驾驶技术。智能网联不仅加速自动驾驶商业化落地，也推动形成了多场景自动驾驶生态。除了Robotaxi外，越来越多的企业如美团、京东、新石器等加入，形成了集出行服务、配送、零售、公园漫游车、智慧社区等一体化自动驾驶生态。

车路协同助力Robotaxi实现远程代驾，为实现无安全员Robotaxi商业运营提供技术保障。目前百度、文远知行、小马智行、Auto X等企业已在北京、长沙、广州等城市开展以单车智能路线为主的Robotaxi试运营，提供免费的无人驾驶出租车固定站点的乘车服务。依托基于5G通信技术的远程控制，控制中心可对车辆及时介入并远程接管，帮助车辆在临时道路变更或交通管制等情况下进行脱困，为Robotaxi的商业化落地提供技术保障。

以百度为例，2020年9月百度推出基于车路协同的"5G云代驾"无人驾驶配套服务，依靠5G基站、RSU等路侧通信设施的铺设，在面对临时道路变更或交通管制等情况时，陷入困境的无人驾驶车辆能够通过云代驾技术以30ms以内的低延迟将现场视频画面传至云代驾屏幕，接到求助请求后"5G云代驾"可以将驾驶指令传回车辆并接管无人驾驶车，驾驶状态改为平行驾驶，帮助车辆解决问题，提高乘客的安全性和出行体验，如图7-4所示。

2018年9月，文远知行在广州国际生物岛实现国内首个基于5G的无人驾驶远程操控。广州国际生物

图7-4 百度"5G云代驾"系统
（资料来源：百度智能驾驶事业部，中国电动汽车百人会）

岛已经实现5G网络的全岛覆盖。文远知行与中国联通共同研发5G+MEC（移动边缘计算）技术应用，提供超低时延、超高带宽和超高计算为一体的融合处理平台，将平均网络延时降低到13ms，为Robotaxi的路测和落地提供技术基础。

自动驾驶出行服务的运行，让城市发展更先进，也可以提升交通管控和治理能力，保障交通安全。自动驾驶出租车会结合用户实际使用过程中的需求，不断完善软硬件功能，让自动驾驶更加人性化、个性化，既服务于用户，又助力城市交通更便利、更安全、更高效。未来在示范运营服务工作取得一定进展后，各企业将投入更多车辆进行更大范围的示范运营，促进自动驾驶产业和出行服务业的快速发展。

### 7.1.3  无人配送

快递物流行业已成为当前国民社会生产生活中不可分割的一部分，需求量巨大，快递物流行业服务人员数量也增至高点。预计到2025年，我国快递外卖单量会增加至10亿件/天，但快递外卖人员规模增长将远不及预期，需要大规模普及无人化快递运输网络，以满足未来消费需求。在供需失衡的状态下，无人配送有望提供较优实践，解决现有情况下人力存在固有局限性、重复性，简单劳作效率较低、城市交通安全难以保障的问题，通过无人车满足大范围集约化的需求。

1．无人车赋能智慧配送行业应用

无人配送能够将人力从恶劣的环境中解放出来，提高整体安全性。对于自动驾驶无人车来说，大数据采集+实时预测+智能调度，能够使车辆始终运行在需求最集中的区域，而通过数据和算法的迭代，无人车运营效率将持续增长，配送时长将持续递减，无人化服务网络的需求预测+实时交付能力将在较长时期内占据竞争主导优势。

无人配送支撑城市卫生防疫。新型冠状病毒感染期间导致居民生活所需供给成为难题，不仅需要大量的资源投入，同时需要对一线人员的安全提供保障。借助无人车作为应急响应和民生保障的配套设备，可以有效减少人群接触，实现无人化运输，降低病毒感染风险，保障一线人员安全。同时，无人车可以快速部署和灵活调度，能够支持更大运载能力的支援工作，提高物资保障能力，在封控/管控区内既满足防病毒感染要求，又满足更多居民的基础生活需求。科技抗病毒，无人车可有效减少人力投入，将人力释放至更高价值的病毒防控工作中，如图7-5所示。

无人配送支撑城市巡逻。随着科技的发展，智慧城市公共安全和安防治理工作也逐渐向智能化转变。当前发展阶段下，安防任务繁重与警力有限的矛盾日益突出，社

**图7-5　无人车参与配送**

（资料来源：白犀牛，中国电动汽车百人会）

会治安动态化管理的需求不断增加，而信息资源整合应用亟待突破，人工智能技术赋能的新产品将为此类问题提供新型解决方案。

**2. 无人车重构新型智慧城市基础设施**

建设应急无接触配送的基础保障能力。在需要应急响应和民生保障工作时，以无人配送车为基础打造基于公共服务的"双智"城市部件，可确保各地政府具备灵活响应、快速部署、智能高效的服务体系。在封控或管控情况下，能够以更高效率和更低人力成本为居民提供满足其日常生活需求的保障，可提升城市应急响应能力的弹性，是智能网联汽车应用服务智慧城市民生的示范应用之一。

提供智能无人车平台的服务网络。"双智"城市的建设离不开城市各类场景的智能化升级，通过在城市场景内部署规模化的无人车服务网络，可覆盖差异化行业，将多类型的无人化服务嵌入用户实际的生活和消费场景。无人车服务网络具备可移动的属性，可大幅提升传统服务的半径，缩短服务的等待时间，实现数字化信息整合，可打造距离用户最近的服务平台，为"双智"城市智能化服务能力的提升提供平台基础。

打造"双智"城市智慧大脑的数据节点。智慧城市和智能网联汽车的协同发展需要建设一体化云端平台，将城市环境信息及城市治理数据纳入平台进行统一的分析和处理。因此，有大量的数据需求需要合适的设备进行采集。无人车作为移动的智能终端设备，天然具备数据收集的能力，可接入智慧大脑云端平台，在运行和服务过程中，基于城市多种场景对环境信息或相关行业数据进行收集和上传。在无人车的移动服务网络上，建设无人车移动数据采集网络，将无人车打造成"双智"城市智慧大脑数据收集的移动节点，实现数据闭环，助力智慧大脑管理分析能力的持续升级。

推动"双智"城市配套基础设施建设。以多样化的无人车实际应用场景为载体，推动运营场景周边5G、人工智能、物联网等新型基础设施的部署和应用示范项目的建设，持续开拓无人车智能终端设备在智慧零售、智慧物流以及智能公共服务等多方面的创新性结合，以技术创新为驱动，促进数字转型、智能升级、融合创新等服务的基础设施体系建设。作为人工智能优势产品，无人车及其他人工智能行业上下游资源，可积极在各地规划内开展自动驾驶应用示范区、新型智慧城市示范区建设，带动传统交通、物流、城市服务行业升级，推进新模式、新业态的深度发展，符合智慧城市与智能网联汽车协同发展的需求。

3．实践案例

新石器在北京市亦庄地区已建立规模化运营网络，充分验证商业模式及移动零售场景价值。无人配送车主要服务于亦庄地区的办公园区、写字楼、地铁口等适用移动零售售卖的场景，进行知名连锁零售品牌如KFC、可口可乐、鼎泰丰、七鲜超市商品的售卖，为周边白领及居民提供更多的零售选择。截至目前已累计安全运营逾13个月，在亦庄区域部署无人车队规模逾140辆；区域内部署范围覆盖60km²，服务人口规模超30万人。2020年新冠肺炎病毒感染期间，16辆新石器无人车在2月初运抵武汉，在不同场景和区域投入运营，分布在包括雷神山医院、多家方舱医院及隔离区、社区、校园等地，承担包括物资运输、消毒喷洒的应对工作，累计执行12674次无人车运行指令。

## 7.1.4 智慧园区物流

针对工厂园区等特定场景，以"车城网"平台为基础的智慧物流项目，可以提升现代物流效率，降低全物流费用率，将智能制造系统与智慧物流的融合发展变为智慧物流领域发展的指引方向。智能化物流系统将融入智能制造工艺流程，使智能制造与智慧物流的系统集成。在工业4.0智能工厂的框架内，智慧物流是连接供应链和生产的重要环节，也是构建智能工厂的重要基石。

近年来随着城市智能交通系统在中国各大城市的开发和应用已经逐步趋于成熟，将城市智慧交通系统与智慧物流应用相结合，将对物流的效率提升与管理、监控和数据平台一体化产生更大的便利性。智慧物流项目尽可能使用清洁能源，实现节能减排，并采用数字化、信息化手段实现物流管理的网联化，并与"车城网"平台进行业务集成，实现更为透明的物流管理体系，加快智能制造的应用落地。

智慧物流项目将包含电动化网联物流车辆、物流车辆管理系统、车辆监控大屏、公开道路绿波通行、电动化自动驾驶穿梭巴士等电动化、网联化、智慧化的技术手段，集成在智慧物流业务体系中，并结合实时定位、图像识别、城市智能交通系整合等技术，通过人工智能算法模型，实现整体物流的实时管控，提高厂内外物流环节的工作效率，缩短物流在途时间，控制车辆违规绕行、产品中途掺假等违规现象，降低运输管理成本，实现数据共享，增强各部门之间的协同合作，便于物流数据的多维度综合分析，为企业打造智能制造工厂奠定信息基础，提高企业服务质量和竞争力。

系统将集成场内和场外物流运输车辆及设备，优化人力资源配置，提高物流人员的安全指数，缩短物流在途时间。通过与其他系统的数据对接，实现数据共享，增强各部门之间的协同合作，便于物流数据的多维度综合分析，为物流决策者提供强有力的数据支撑，并为城市的智慧城市交通管理提供数据支持。对于场外物流和园区间的自动驾驶穿梭巴士业务，通过城市智能交通管理系统提供的实时交通信息，授权绿波通行，减少物流中违规现象的发生，有效提升交通安全性，并避免交通事故的发生。

主体建设思路，主要分为以下5个方面：

### 1. 工厂园区内外智能化基础设施

为了支撑工厂园区内外的自动驾驶物流应用场景，以及与城市智能交通的整体融合，在工厂园区内外搭建基础设施智能化终端感知设备，实现对基础设施运行数据的全面感知和自动采集，推动工厂园区内以及工厂园区周边道路信息、交通信息及车辆信息等多源信息融合互通，增强自动驾驶应用场景的安全性和稳定性。

### 2. 网络设施建设

结合新时代国家新型基础设施建设，以新能源智能网联汽车/物流车应用为切入点和驱动力，充分运用5G通信网络和北斗定位系统等，建设工厂园区物流车联网，实现真正的5G远程智慧物流网络，并且基于5G网络带宽大、传输速率快的优势，拓展更多的5G智能物流车联网的应用场景。

### 3．与城市交通管理系统全面融合

为"车城网"平台提供数据支持，建设标准统一、逻辑协同、开源开放、支持多类应用的"车城网"平台，为城市智能交通管理平台提供真正的数据支持。

### 4．多应用场景的实现

在工厂园区内外区域建设智能网联物流车应用和测试环境，在城市有序开放道路及工厂园区内道路进行C-V2X应用场景应用，并积极探索智慧物流示范应用场景，推动探索商业化运营。

### 5．促进和完善交通规章制度

积极探索如何协同城市道路设施、交通管理设施与智能网联物流车信息交互接口等标准规范的制定；并协同交通运输局、交管大队等共同制定相关法律法规。将城市智能交通和智慧物流结合，为协同网联物流车辆与城市交通平台形成统一标准提供标准和规范。

## 7.1.5 智慧环卫

随着技术创新不断向前，环境保护与经济发展相互依存、相辅相成。加强环境保护是发展所需、民生所盼。据统计，我国每年产生的垃圾总量约10亿t，并以每年5%~8%的速度增长。与此相对应的是严重不足的城市垃圾处理能力。车城联动自动环卫系统，基于物联网、人工智能、自动驾驶等创新技术，全面赋能城市环境卫生治理，针对垃圾清扫、垃圾分类及垃圾桶监控等问题进行探索。

车城联动自动环卫系统基于物联网、人工智能、自动驾驶等创新技术，全面赋能城市环境卫生治理，针对现有的城市垃圾治理问题，对"车城网"覆盖范围内的区域进行智能监测终端的加装，同时配套投放自动驾驶环卫车进行无人化作业清扫，实现区域环境卫生情况的智能检测，及时安排人员及清扫车进行垃圾清理，保证区域内环境质量持续优良。

### 1．果皮箱监控

智能垃圾监测终端通过内置于果皮箱盖的传感器，实时对果皮箱的容量以及内部温度进行采集，将相关数据通过"车城网"物联网网络传输到数据基站，基站进而将数据通过物联网网络实时上传到业务管理平台、移动App，垃圾管理者能更直观地了解辖区内各个垃圾桶的垃圾满溢情况与温度监控，方便人员根据实际情况，安排垃圾收运车辆或清理人员进行定点清理服务，同时为垃圾收运车辆规划最优的回收路线，提升了垃圾清理效率，提高了清理的及时性，可节约大量的人力和车路资源。

智能垃圾监测终端采用与传感器一体化设计，方便安装。传感器采集数据后采用低功耗无线通信技术，电池续航可达5年。当果皮箱的容量或温度超出设定的范围后，系统将自动触发告警，同时计算最优的处理方案，推送消息至相关人员、车辆进行处理。果皮箱的状态将汇总在整体的智慧城市应用系统进行展示。

### 2．无人驾驶环卫车

已具备自动驾驶与车路协同能力的自动驾驶环卫车辆，在园区环卫保洁作业的时间段进行道路的无人化清扫作业。车辆装有多传感器，具备融合感知算法自助规划行驶路线、主动识别行人或障碍物并自动避障、自主紧急制动等能力，可以按照设定路线或区域进行自动驾驶和自动清扫，并可通过云端全面监控作业情况。主要功能如下：

（1）自动驾驶与人工驾驶无缝切换；

（2）标准的道路清扫功能：洒水降尘、清扫、吸附存储路面垃圾、转运垃圾等；

（3）设定路线（区域）内的自动驾驶（包含自主清扫）；

（4）自主快速定位；

（5）多传感器融合感知算法自助规划行驶路线；

（6）主动识别行人或障碍物并自动避障；

（7）自主紧急制动（停车熄火、危险消除自动启动）；

（8）智能清扫作业5G通信及远程监控、管理以及平台接口；

（9）车辆位置、车辆状态（电量显示、垃圾箱垃圾占比）、车辆急停、摄像头数据展示、车辆工作分派（工作区域划分）、移动终端查看后台数据、移动终端遥控操作。

## 7.2　面向智慧交通的应用

在"双智"协同发展过程中，智能交通是智慧城市的"动脉"，也是"双智"城市建设过程中效果最为显著的单元。当前，智慧城市基础设施成为智能网联汽车发展的"基础数字底座"，智能网联汽车则成为智慧城市发展的切入点，智能基础设施与智能网联汽车之间互联互通，助力城市交通实现"绣花般管理"，给出智能交通管理最优解。

### 7.2.1 路网优化

**1. 全息路口应用**

充分利用智能网联路联雷达、视频、边缘计算等设备，构建全息路口，与智能交通管理业务深度融合应用。可自动感知交通事故，通过精准车辆轨迹研判事故责任，生成证据链视频，节约出警时间，减少此类事故；提供精准车道级数据，全面分析交通运行状态，打通视频与信控机的隔阂，实时优化红绿灯配时方案；通过交通热力图快速定位交通黑点；依据路口规律，对交通组织合理优化，解决传统黑点治理周期长和效果差的问题。

一是助力实现城市交通精细化监测与治理，建立路网、路段、路口、流向、车道多空间维度指标评价体系，全面且有效地支撑城市交通场景下的全息感知、信控优化、安全评价、渠化诊断等业务专题。同时，在静态路网数据基础上，创新静态路网渠化诊断指标——位阶差、连通度，诊断路网渠化问题。

二是支撑全域交通安全预防与治理，依据高频高精车辆轨迹数据，可实现检测冲突点、急加速、急减速、急转弯、超速、疑似单车事故、疑似多车事故、违规停车、大货车右转未停、掉头异常、违规变道、不按导向车道行驶、逆向行驶、占用公交车道、非机动车行人入侵机动车道等安全事件，由路口拓展到路段、路网，实现安全事件全域感知及主动预警，提供事件历史轨迹回放、视频回放，辅助交警进行事故快速定责、事件快速处理与全域安全治理，主动降低区域路网安全风险。

三是实现路网交通渠化诊断，根据交叉口相关国家标准，从路口转弯半径、路段车道宽度、进口道出口道匹配度、转向是否合理等渠化指标中诊断交叉口的设计问题。此外，在静态路网数据基础上，创新静态路网渠化诊断指标——位阶差，诊断路网渠化问题，为交通组织优化提供数据支撑。

**2. 信控自适应优化应用**

通过创新性打通车联网与交通管理专网，实现车联网与智慧交管深度融合应用。在边端，实现雷视设备与信号机互联互通，雷视融合生成的实时交通流数据支撑信号机实时优化计算；在中心端，实现智能网联云控平台与交管信号控制中心平台的数据互联互通，对区域信控自适应优化。

系统实现"点、线、面"的秒级自适应全智慧调度，打造人工智能交警指挥官，像一个资深的交警，在路口24h不间断地执勤，根据实时行人、行车和非机动车交通需求，精准控制信号灯的放行顺序和时长，完全杜绝路口空切（某个相位无车/人，却给予绿灯）、空放（某个相位车/人非常少，却给予很长时间的绿灯）。

系统需要支持干线弹性微绿波协调调度、行人非机动车等弱势交通保障调度、智能可变车道全智慧调度、公交信号优先通行全智慧调度、紧急车辆绿波通行全智慧调度等车路协同调度功能。

### 3．城市交通态势感知

通过对布设于城市路网的激光雷达检测、毫米波雷达监测、视频检测专用视频、高清监控视频、违法监测视频、卡口监测视频等智能分析，将道路参与主体（人、车、非机动车）的状态、速度、方向、位置等信息进行检测，并采用轨迹跟踪、行为分析、事件触发、违规检测等技术，可对异常停车、逆行或倒车、低速车流、排队超限、抛洒物、行人穿越、能见度低等异常事件实时监测和预警；可对违法停车、逆行或倒车、压线行车、违法占用专用车道等交通违法行为实时监测和取证；可对断面流量、车道流量、平均速度、时间占有率、空间占有率、密度、服务等级等十余种交通参数实时检测和统计分析，实现直观、实时、有效的视频监测和过程记录。然后通过C-V2X或5G技术给周边车辆进行超低时延的广播，让其了解所处环境，这显著提升了车载辅助驾驶系统和未来自动驾驶车辆的环境感知能力，它相当于给每一辆车安装了一个"天眼"，能够站在高空俯视车辆周边的道路和环境，极大地弥补了辅助驾驶系统和自动驾驶车辆上车载传感器无法解决前方遮挡、大角度弯道或坡道、检测距离有限的非视距问题。

道路环境状况及车辆行驶状况检测作为一种信息量丰富、实时性强、准确率高的大数据交通信息采集处理手段，是实现车路协同乃至智能交通目标的重要基础。该系统主要包括交通参数采集与分析、交通事件检测预警、通行状态监测与预测、交通违法监测与取证、道路气象监测预警、道路健康状况监测预警、交通信号采集与协调、车辆行驶状况监测、出入口及行车路径监测ETC及OBU数据采集、出行诱导控制、大数据分析与决策等数据子系统。

### 4．实践案例

以百度ACE智能交通引擎为例，在"聪明的车""智慧的路""智能的云""领先的图"方面构建了丰富的产品矩阵，支撑北京市亦庄高级别自动驾驶示范区建设。北京市亦庄以全面实现智能信控优化为突破口，目前已建成智能路口332个，覆盖经开区60km²。目前，经过1.0、2.0两个阶段的建设，交通拥堵已得到显著改善，路面运营效率显著提升，市民实现"绿灯自由"。在亦庄主城区西环路、荣华路、荣京街、永昌路、同济路、宏达路等13条干线道路，通过智能路口的改造和建设，已建设实现"绿波带"，市民可以享受到"一路绿灯"的出行体验。智能交通路口解决方案可以将动态交通信息进行数字化表达，同时进行智能化分析，将这些分析结果服务于多场景应用。在亦庄，市民还可以通过百度地图、度小镜等终端载体，体验到信号灯倒计时、闯红灯预警、绿灯起步提醒、车道建议等智能网联带来的便捷功能，有司机使用过信号灯倒计时功能后表示，"这个功能很实用，提前知道红绿灯还剩多久，可以提前控制车速"，智能网联技术在赋能汽车的同时，也在服务城市建设发展，为市民带来实在的便利。

北京万集科技股份有限公司开发了智慧交通管理平台，从智慧交通实战出发，运用一系列技术和管理手段，形成具有交通数据采集、交通事务处理、领导决策和组织内部协调、指挥作战、充分发挥高效的交通指挥运行机制，实现交通运营管理，提升城市交通公共服务能力，不断提高城市交通安全水平，使道路交通事故总量大幅下降，实现公众出行更加安全、道路更加畅通、环境更加美丽的目标。基于交通多个技术子系统，通过对多种交通信息进行汇集、分析和处理，实现对各种交通突发事件的调度处理。系统能够增强指挥中心对控制区域内日常交通流、事件的监视，在重大交通事故和重大灾害事故情况下，能够实现对交通的宏观调控、指挥调度；在处置突发事件时能实现快速反应、快速作战指挥的目标。智能交通架构图如图7-6所示。

## 7.2.2　城市交通仿真规划

基于城市全域实时与历史交通数据，结合城市建筑、道路、标志标线等数据进行三维仿真，通过可视化手段对城市交通相关要素进行设计编辑，并对不同交通基础建设规划方案进行模拟推演和分析评估，以直观形式在仿真环境中评审与优化交通系统的整体布局，实现城市交通系统布局、交通资源分配合理化。同时对消防、公安、医疗等应急力量的交通通行方案进行仿真模拟，并形成包含交通管制、局部疏导等要素的预案，确保交通通行的安全、高效。

交通仿真系统由交通仿真服务、交通规划拟制、交通规划方案仿真以及交通方案评估组成。

### 1．交通仿真服务

建立支持宏观、中观、微观仿真的交通仿真模型，形成支撑交通规划仿真应用的服务。

（1）交通流特性模型构建

交通流特性主要由流量$q$、单位时间内通过道路断面或车道的车辆数、密度$k$以及单位路段长度上存在的车辆数和速度$v$、单位时间内车辆移动距离三要素进行表征。

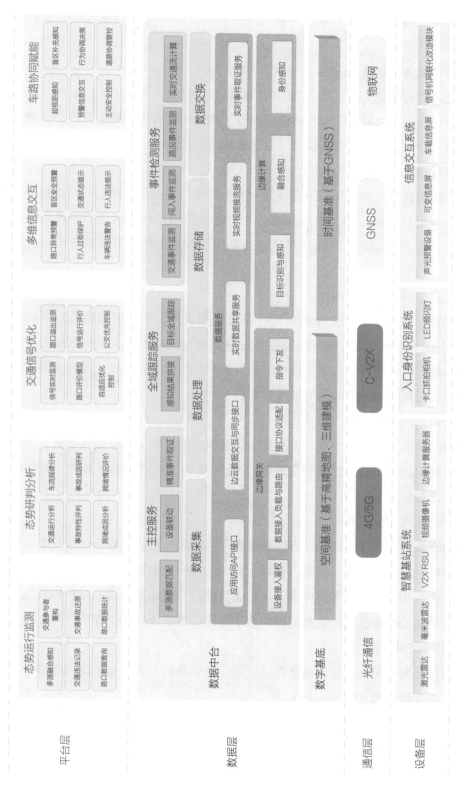

图7-6 智能交通架构图

（资料来源：北京万集科技股份有限公司）

通过构建模型，拟合在宏观、中观、微观条件下以及自由流/非自由流状态下三要素的相互关系。

（2）微观交通仿真模型构建

微观交通仿真模型主要包含战略层面的路径选择模型、策略层面的超车和车道变换模型以及运行层面的跟驰模型和插空模型等。通过构建微观交通仿真模型，满足微观场景基准下对车辆驾驶状态的拟合以及交通状态的模拟。

（3）中观交通仿真模型构建

中观交通仿真模型将路段等距离划分为多个片段，将一个片段上的车辆视为一个队列，以车辆群体为最小单元进行仿真。与宏观模型相比，能够较为细致地描述交通流特性。与微观模型相比，表现车辆间相互作用较为粗糙，但是拥有较高的运算速度。

（4）宏观交通仿真模型构建

宏观交通仿真模型将路上车辆看作一维可压缩流量，采用类似流体力学的变量（如流量、密度和速度）对交通流状态进行描述。通过构建宏观交通仿真模型，能够描述宏观场景下的多种交通现象，例如排队形成和传播、交通波等，并且能够较为精准地获取平均行程时间等长时间周期性参数。

（5）交通影响模型构建

交通影响模型以宏观、中观、微观交通仿真模型为基础，加以油耗计算、噪声计算、污染计算等计算模型，推算在交通运行过程中产生的交通安全、噪声、环保、资源消耗等交通影响。

（6）交通仿真数据服务

交通仿真数据服务以多模态动态感知数据作为输入，精确获取个体级交通运行状态，实现全时空交通状态精准映射，使每一辆车的每一次出行均被仿真系统认知和计算。同时，交通仿真数据服务提供交通运行态势推演、交通方案预测分析以及交通风险动态评估功能，为构筑记忆大脑支撑的多维交通仿真系统提供支撑。

2．交通规划拟制

提供可视化交互手段，对城市道路、交通灯、引导线及其他相关基础设施进行编辑，生成城市交通规划方案。

（1）城市基础路网编辑

提供自动生成、手动处理相结合的方式，对城市道路路网进行创建、修改，包括基本道路、车道线、公交专用标志线、单行道等。

（2）城市交通设施设备编辑

提供可视化交互手段，对城市中的交通灯、过街天桥、地下通道、环岛等设施设备进行创建、修改。

（3）城市交通应急疏导方案编辑

提供可视化交互手段，对城市中的消防、公安、医疗等应急力量的交通通行路线、交通管制和疏导措施进行编辑，形成包含通行路线、交通管制、局部疏导等要素的方案。

3．交通规划方案仿真

（1）交通规划方案加载

从交通规划方案库中，选择制定的方案加载，并在二、三维可视化界面中查看规划方案相关的各项参数，如道路、引导线、交通灯、过街天桥灯，并且能够根据规划方案粒度（宏观、中观、微观）自动选取合适的配置信息以及交通模型。

（2）区域交通OD数据生成

通过实时数据接入或历史数据反推，生成推演所需的区域交通OD数据，为交通流的模拟提供输入。

（3）交通规划方案仿真控制

提供推演控制界面，实现交通规划推演的开始、暂停、加速、减速、停止、复位等功能。

（4）交通基础设施规划方案仿真计算

基于交通推演计算引擎，实时调度城市及交通路网、设施、车辆、行人等模型，按照交通基础设施规划方案和城市交通出行数据，对交通运行进行动态推演计算，反映不同交通基础设施规划方案对城市交通运行效率的影响。

（5）交通应急疏导方案仿真计算

基于交通推演计算引擎，实时调度城市及交通路网、设施、车辆、行人以及交通管制与疏导等模型，按照拟制的交通应急疏导方案，对消防、公安、医疗等应急力量执行任务的交通通行进行动态推演计算，反映不同应急疏导方案对应急力量通行效率的影响。

（6）交通规划方案推演可视化展示

提供交通规划方案推演的二、三维动态展示功能，可对城市建筑、道路交通、车辆、行人的场景、运动进行直观展示。

### 4．交通方案评估

（1）单方案分析评估

基于交通规划方案推演的数据以及评估指标体系，生成单个交通基础设施规划方案或交通应急疏导方案的分析评估结果，以文字、图表等方式对分析评估结果进行展示。

（2）多方案对比评估

对两个或两个以上的交通基础设施规划方案或交通应急疏导方案进行对比评估，提供直观的评估结果界面，展示多个方案的设计以及影响异同，辅助用户进行方案选择。

## 7.2.3 重点车辆监管

"两客一危"、渣土车等专用车辆是城市交通中的重要组成，首先，各类重点车队连接并承载着城市的日常运行和发展建设，一旦停工，各大重点项目或者日常管理都将受到影响；其次，各类重点车辆在城市中的违规、违章运营给城市居民的生命财产安全造成较大的危害，同时这些重点车队有完全区别于私家车的出行行为，对于服务和监管都有特殊要求。做好城市重点车辆的管理，也成为城市交通的一个重要任务。

单纯通过智能车载监控终端或路侧设备监管效果欠佳。仅依赖车载终端，难以实现联合全程监控，缺少必要的道路以及工地口、消纳场等重点区域的取证，容易形成类似"设备掉线"的管理争议；单纯依靠路侧专用设备较难完成"一车在途、多局统管"的实际场景，路侧电子警察和卡口主要用于交管车辆的违章行为，而用于路面遗撒、作业效果监管等城管业务又采用另一套设备。同时，不同管理部门非现场执法的取证规范存在差异，也带来管理漏洞，例如对于重点车违章行为的管理存在"一车多人，替代处罚"情况。

结合车端和路侧监控设备，通过车城指挥中枢实现车路联动监管，提高道路运输精细化管理。通过将现有路侧球机、卡口等监控设备数据、重点车辆车载监控设备数据汇入重点车辆管理平台，可实现对重点车辆实施监控，实现对违章车辆实时追踪和警情事件的智能分析和处理，实现重点车辆运输的精细化管理。

在广州市黄埔区，"车城网"平台接入各类已有车内监控设备与各类存量和新增AI路侧监控设备，通过车城指挥中枢实现车路联动监管，提升重点营运车辆违法行为的"全程跨局到人"的监管，大幅提高道路运输精细化管理的自动化水平，如图7-7

所示。已经针对住房和城乡建设、交警、城管、环美中心、生物岛管委5个局委办所涉及的泥头车、危运车、农马车、散体物料车、环卫车、非机动车6类重点车辆形成不文明驾驶行为监管、危险驾驶行为监管、异常事件监管等20类管理场景，有效帮助用户拓展管理场景、丰富管理手段、提升并量化管理效果。截至2021年10月，共向各局委办提交各类事件650起，经车城网高效监管，黄埔区泥头车不文明驾驶行为明显降低，部分事件（如渣土车闯红灯）月环比下降40%。

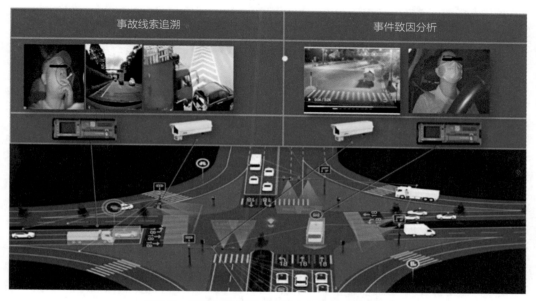

**图7-7　广州市黄埔区重点车辆违法事件追溯及分析**
（资料来源：百度智能驾驶事业部，中国电动汽车百人会整理）

### 7.2.4　智慧泊车

智慧泊车是指面向一段时间内需要在固定车位进行的车辆停放，将无线通信、卫星定位和室内定位、地理信息系统、视觉感知、大数据、云计算、物联网、互联网、智能终端等技术综合应用于城市车位信息的采集、管理、查询、预订与导航服务等，实现停车位资源的实时更新、查询、预订与导航服务一体化，实现停车位资源利用率的最大化、停车服务利润的最大化和车主停车体验的最优化。

智慧泊车的核心包含两个方面，一是对停车资源的优化和整合，消除停车信息系统孤岛现象，将分散的停车位数据实时互联，使系统能及时知道空余泊位并进行发布和停车诱导，在不增设停车位的情况下，减少车位空置率；二是实现车位导航，通过定位、感知计算和无线通信等技术形成车辆到车位的路径轨迹，引导车辆到达目的车位，或者进行反向寻车的路径引导，减少车找位、人找车的时间，实现停车效率和体验的显著提升。

根据服务对象的不同和技术手段的演进，智慧泊车的发展可分为基础信息化、驾驶员泊车辅助和自动驾驶泊车三个阶段，随着智能化水平的逐步提升，实现停车效率和体验的明显改善，如图7-8所示。

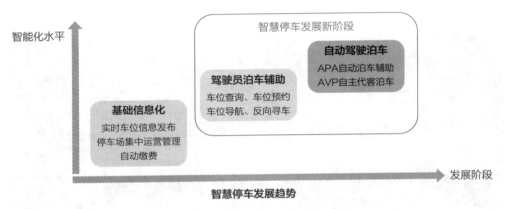

图7-8　智慧泊车发展趋势示意图

（资料来源：华为技术有限公司，中国电动汽车百人会整理）

### 1．基础信息化

在智慧泊车发展的早期阶段，面向停车位供需不平衡的突出问题，通过停车资源信息化和停车运营管理信息化建设，整合城市停车资源，集中运营管理，实现有效供给，提升停车便利性。基础信息化阶段主要包括三个典型应用场景：

一是实时车位信息发布，通过部署传感器等感知设备，对路内停车位和路外停车场的车位使用状况进行采集，通过物联网将采集的信息以统一的数据格式上传至静态交通大数据平台，经过大数据动态分析后，生成实时车位信息，并通过停车场的电子屏幕或用户终端App进行发布，对车主进行停车诱导。

二是停车场集中运营管理，针对传统停车的粗放式运营管理问题，建设集团式停车管理服务平台，对所辖区域的停车场进行统一联网接入，实施远程运营管理，提高停车场运营管理水平，实现降本增效。

三是自动缴费，利用ETC系统完成自动缴费，或者通过车牌识别技术，在车辆进场和出场时自动采集车辆身份信息，并进行自动计费和缴费，实现不停车进出场。

目前，国内智慧泊车应用还处于基础信息化阶段，以停车场出入口闸机管理和基于空余车位数量查询的停车诱导为主，单车位状态信息采集和发布还没有普及。对于大规模停车场,基础信息化已经无法满足业主管理效率和车主停车效率显著提升的需求。

### 2. 驾驶员泊车辅助

随着产业升级和信息通信技术的不断发展,感知计算、定位导航、云计算等技术将广泛应用于停车设施的数字化和智能化改造。通过网络连接,停车设施运营管理方可以为车主提供车位信息查询、预约、车位导航等智能化停车辅助服务,进一步提升车主停车效率和体验,如图7-9所示。

**图7-9 泊车辅助场景示意图**

(资料来源:公开信息,中国电动汽车百人会整理)

驾驶员停车辅助阶段主要包括三个典型应用场景:

一是车位查询与预约。车主通过智慧泊车服务平台,对周边的停车场位置、车位设置和占用情况、停车服务设施分布等情况进行信息查询,并可通过平台进行车位预约和费用自动结算,免去现找车位和排队支付的时间消耗。

二是车位导航。智慧泊车服务平台为车主提供目标停车位行驶路线等信息,结合停车场高精度车辆定位和线路状态感知,为车主进行停车路径规划和目标停车位导航,并可实时监控车辆在停车场内的行驶和停车入位过程,提供必要的安全保障。车位导航应用改变车主在传统停车场耗时耗力寻找车位的状况,优化车主停车流程,同时也有助于提高停车场车位使用率,实现停车资源的调度优化。

三是反向寻车。在大型公共停车场内,由于停车场的空间比较大,车主往返所需要的时间比较长，环境及指示标志、诱导牌分布不合理等原因导致不易辨别方向，容易在停车场内迷失方向，寻找不到自己的车辆。智慧泊车服务可以结合车主提供的车位信息和车主位置信息，提供反向寻车路径规划和反向寻车导航，大大减少车主寻车时间和负担。车位位置信息和车主位置信息还可以根据周边环境特征进行自动识别，进一步提高车主寻车的便利性。

3．自动驾驶泊车

随着自动驾驶技术的逐步成熟，越来越多的主机厂车辆支持自动驾驶停车功能，包括自动泊车辅助（Auto Parking Asist，APA）功能和自主代客泊车（Automated Valet Parking，AVP）功能。

APA自动泊车辅助是指车辆在低速巡航时使用传感器感知周围环境，帮助驾驶员找到尺寸合适的空车位，并在驾驶员发送停车指令后，自动将车辆泊入车位。

AVP自主代客泊车是指车辆以自动驾驶的方式替代车主完成从停车场入口/出口到停车位的行驶与停车任务。相较于APA功能，AVP彻底代替车主完成了停车操作，可以有效解决医院、商场、写字楼等公共停车地区的停车难题，车主需求强烈。此外，低速行驶以及相对简单的停车场行驶环境，使AVP成为车企优先商用的高等级自动驾驶功能。

AVP可以通过单车智能实现，但对车端的感知能力和计算能力要求较高，单车成本会相应增加；在停车场不标准、反光等复杂环境下功能使用受限，功能可靠性低；无法解决障碍物遮挡、全局调度等问题。为了推动AVP规模化应用，彻底解决停车难问题，可以在停车场侧部署一定的智能化基础设施，提供感知、地图定位等辅助信息，场侧平台对停车路线进行规划、车位安排上实现最优配置、已经停车路线异常状况预警，实现更加安全、高效的AVP泊车功能。

4．智慧泊车系统架构

智慧泊车系统架构可以包括云服务平台、网络连接、场侧智能设备和基础设施，以及车辆和智能终端等四部分（图7-10）。智慧泊车系统通过端—场—云的连接和协同使能智慧停车的各种典型应用。其中：

在端侧，车辆OBU与场侧进行C-V2X连接并与云服务平台实现连接，用户可通过移动智能终端实现与云服务平台的连接。此外，车辆还应具备一定的感知和定位能力，与场侧和云服务平台配合，满足不同应用场景的需求。

在场侧，通过感知、边缘计算单元和定位设备等智能设备，提供感知和高精度定位能力，完成车位识别、车辆定位、车辆行驶状态监控、障碍物识别与定位、道路交

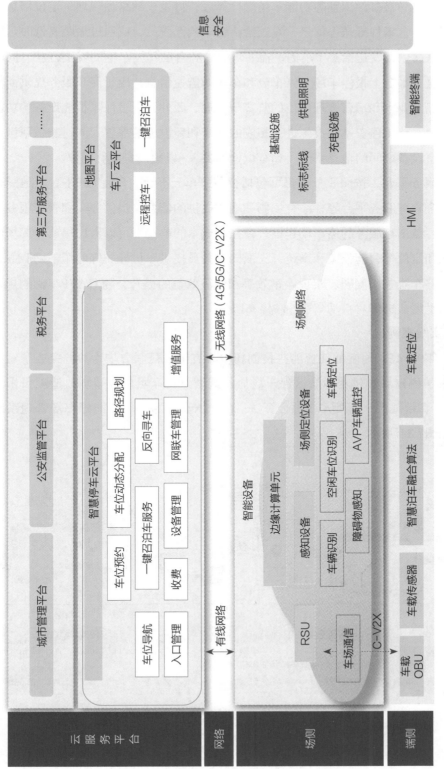

图7-10　智慧泊车系统架构

（资料来源：华为技术有限公司）

通状态监控、异常事件识别等功能。场侧计算后，将生成的路径规划、定位信息、障碍物提醒和异常事件推送等信息，发送给传统车辆驾驶员，或通过短距离低时延高可靠的C-V2X通信，发送给AVP车辆，辅助驾驶员和自动驾驶车辆的安全行驶。同时，场侧向云服务平台上报停车场、停车位和车辆的监控信息，用于停车服务提供商使能停车服务以及业主和运营管理单位的监督与管理。此外，为了保障智能设备的功能实现，还需要对传统停车基础设施进行相应的升级和新设施的部署，同时兼顾新设备与停车场已有设备之间的信息系统（如车位检测器），以提高资源利用率。

在云服务平台，按照业务逻辑可包括智慧停车云平台、车企TSP平台、地图平台和城市综合管理服务平台等，结合场侧和端侧提供的信息，提供停车和管理服务。

提供智慧泊车服务的停车场建设，在控制成本的前提下可以考虑提前布局场侧通信、感知和定位等智能设施和系统，先面向驾驶员提供车位导航等停车辅助服务，解决当前"停车难"的问题，实现停车效率和经济效益的提升，随着AVP车辆的规模商用，进而平滑演进到对自动驾驶AVP停车服务。

5．实践案例

2021年9月底，湖南湘江智能科技创新中心有限公司联合华为共同完成了对岳麓山国家大学科技城和桃花岭景区停车场协作式智慧停车场的改造。改造项目采用了AR导航、高精地图、车侧AVP融合算法、C-V2X车场通信、智能停车场管理系统等技术，如图7-11所示。

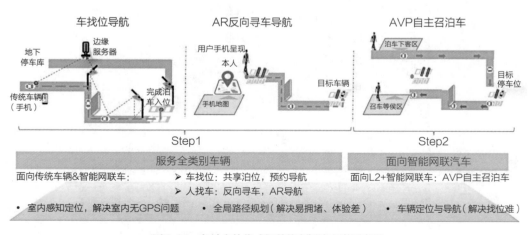

图7-11　长沙市协作式智慧停车解决方案示意图

（资料来源：华为技术有限公司）

改造之后的停车场，对于汽车驾驶员，可提供停车场厘米级3D找车位导航服务，以及AR反向寻车服务；对于具备APA（自动泊车辅助系统）和通信能力的自动驾驶量产车型，场侧设备仅需要微调，便可提供AVP自动驾驶一键召泊车服务，为车主提供了全新的出行方式。

岳麓山国家大学科技城和桃花岭景区停车场的车位检测数据纳入了湖南省统一管理平台，使得停车位周转率得到明显改善，车主可提前对车位进行预约，最大化地利用车位资源。除此之外，停车场还可以提供加油、洗车、广告等增值服务，并增设了VIP停车位。

华为协作式AVP智慧停车解决方案，利用场车协同技术，可让L2级的汽车在停车场实现L4级自动驾驶体验。一方面，面向普通汽车，解决当前驾驶员停车难和找车难的问题；另一方面，面向网联车，可支持向自动驾驶泊车的演进，且建设成本与传统智慧停车场相当。

据数据统计，应用华为协作式AVP智慧停车解决方案的停车场，修建费用比普通停车场大约高20%～30%，但是在收益上也会有显著提升。在收益方面，对照改造之前的经营状况，第一年可以提升15%，第二年可以提升25%～40%，再之后平均每年的收益相较于改造前可提升45%。

## 7.2.5　全域停车信息服务

近年来国家密集政策推进城市智慧停车场建设，各级政府不断推出新政策以推动解决城市停车难题，但城市停车困难依然普遍。为了解决城市"停车难"的问题，全域停车信息服务可接入停车管理平台信息至"车城网"平台，汇集全域所有公共停车场车位级动态停车信息，基于数据分析及融合等手段，实现停车位信息的互联共享。

全域停车信息服务中停车信息推送服务将针对政府管理层面及公众出行层面需求，接入交通运输局停车管理平台数据至"车城网"平台，基于数据融合、分析及可视化应用，实现路侧引导及车位信息车路协同实时发布的基本功能。"车城网"平台向加装智能车载终端等车路协同终端的社会车辆，下发周边及目的地停车场空余泊位信息，车主也可通过相关小程序进行相关泊位信息的查询。全域停车信息服务帮助车主快捷找寻车位，减少因停车难而导致的城市交通拥堵问题。政府管理部门可基于实时停车数据进行停车需求与资源利用动态分析。通过停车大数据的分析运用，反哺静态交通设施的规划与管理，支撑政府规划部门科学合理投建和配置停车资源。以下为全域停车核心功能介绍：

### 1．停车信息推送

停车信息推送功能基于"车城网"平台接入的全域实时停车数据，向加装智能车载终端等车路协同终端的社会车辆，下发周边及目的地停车场空余泊位信息，全域停车信息实时推送功能帮助车主快捷找寻车位，减少因停车难而导致的城市交通拥堵问题。尚未接入停车管理平台的停车场，可通过加装停车诱导系统的方式进行数据采集。

（1）停车诱导系统的工作原理

1）通过地磁作为泊位信息采集设备，在停车场各出入口实时检测进出车辆，采集停车场车位变化数据；

2）地磁平台系统将实时车位变化数据通过4G/5G网络传送到诱导屏管理系统，经过停车诱导管理系统进行处理，生成对应于各停车场的空余泊位数据，并对相应信息显示牌进行划分；

3）上述对应停车场的空余泊位系统再通过诱导屏发布系统，分别下达到相应的各级诱导显示牌；

4）车位变化数据同时传送至"车城网"平台，向加装智能车载终端的社会车辆下发周边及目的地停车场基本信息、空余泊位信息、具体导航路线等实时信息。

（2）诱导系统停车场选址原则

停车诱导系统停车场将根据停车诱导系统停车场的选址原则进行选址，应基本满足以下条件：

1）邻近区域内具有代表性的公共场所

停车诱导系统规划中的停车场应选择在邻近区域内具有代表性的公共场所，如宾馆、医院、大型购物中心等。此类场所是停车需求密集区，是停车诱导系统空车位信息发布的重点考虑对象。

2）停车场类型属于对外经营的社会公共类停车场

停车诱导系统通过LED发布牌实时对外发布停车空位信息，该停车位信息对车主起到指引作用，有空车位的停车场同时必须是对外经营的社会公共类停车场，而不是仅供内部使用的不对外经营的停车场。充分挖掘公共停车潜力。

3）停车场停车位总数原则上在50个泊位以上

停车场基本具备一定规模的公共停车场优先考虑纳入静态交通诱导系统，依据国内外经验，通常设定为50个车位以上的停车场。停车场的容量若低于此规模，将不符合成本效益原则。

4）停车需求弹性较大

停车需求时间空间上峰谷变化明显，停车场诱导系统通过实时的空车位数据发布引导，起到停车动态的"削峰填谷"调节平衡作用。

5）便于管理部门协调的停车场

充分利用公共停车场库特性，政府投资建设公共停车场库停车诱导系统，发挥交通管理部门协调职能。

**2. 停车服务应用**

（1）车位预订

车位预约功能为车主提供车位预订服务，引导车主提前合理选择目的地周边停车场，节省寻找车位的时间，避免由于停车场已满造成的周边路段拥堵现象。

1）功能描述

部分停车场系统可设置驶入规则，对于已知车牌的固定/VIP车辆可提前将车牌号录入系统，该类型车辆驶入驶出时车牌自动抓拍，系统自动抬杆放行。对于临时车辆需提前在"新城建"小程序进行预约，选择驶入日期与时间段，预约成功后，该临时车辆在规定时间即可驶入与驶出该车场。

对于部分停车资源紧张或存在特定停车区域的停车场，可在划定的停车场区域的泊位设置预约泊位专区。该专区的每个泊位可安装智能地锁。平常该区域的地锁均为升起状态，禁止非预约车辆驶入。车主通过"新城建"小程序进行车位预约后，驶入车场的该区域，通过相关小程序扫该区域任意一个地锁均可使地锁落下，车辆即可驶入泊位，车辆驶离后，地锁自动升起。

2）配套硬件

车位预订场景应采用智能车位地锁，具体的选型及功能建议如下：

①主要部件采用密封处理，紧密卡槽，ABS密封圈，防水防尘；

②壳体采用冷轧板模压而成，加厚钢板，抗压性能可达2t；

③在升起状态下摇臂受外力强制下降，当前后角度发生变化时，车位锁将发出警报声，外力除去后数秒，摇臂自动复位；

④升降运行时间：<5s；

⑤使用环境温度：−30～70℃；

⑥有效承重力：2t；

⑦支持有线网络通信与NB-IoT无线网络通信；

⑧防护等级：IP67。

（2）车位共享

车位共享功能基于全域停车信息，优化停车位利用率，实现资源共享，解决停车难的问题。车主及物业可在小程序上进行空余车位查询、闲置车位发布以及闲置车位租赁等服务。

1）车位资源共享

车位资源共享功能主要为有闲置车位的车主，或停车场管理者、物业等提供快速发布空置车位的途径，为需要找车位的临时停车车主提供找停车位的入口，同时停车场的管理公司能够收集闲置的车位进行统一发布和租赁管理。

2）泊位发布

停车场管理方可以在某个时期或者某个时段开放某个停车场的全部或者部分车位资源，供社会车辆进行预约，从而实现车位共享服务。

3）闲置车位发布

车主或者物业公司可以在平台上发布闲置的空车位资源，发布信息会自动推送到小程序进行展示。

4）闲置车位查询

使用平台的用户可以通过地图或者列表的方式按照关键字、路段、行政区、商圈等维度查询闲置的车位信息。

5）闲置车位租赁

车位租赁按照租赁的时间长短可以分为长租或者短租，用户可以通过车主移动端进行租赁申请，租赁申请通过后会自动推送App消息通知用户。

（3）车位引导及反向寻车

车位引导及反向寻车功能由停车场内车位引导系统实现，它集视频捕捉、车牌识别、空位指示、智能定位于一体，利用具有唯一位置ID的视频智能车位检测器识别每个车位的占用状态和车牌号码，从而实现车辆车牌与停车位的对应关系。

系统包括车位引导和反向寻车两个部分：

1）停车引导系统

停车引导系统是在每两个或三个车位正前上方安装一台视频智能车位检测器，同时检测1~3个车位的状态。视频智能车位检测器集检测与显示功能于一体，检测器可在5s内识别出车辆的颜色、大小及车牌。车位指示灯显示红色时，表示该范围内有车停泊；显示绿色时，表示该范围内有空位；通过全视频引导方式，结合场内引导屏和车位检测器帮助车主尽快找到停车位。

①系统采用视频侦测方式检测停车位车辆停放信息，通过网络利用管理平台实现空余车位检测，并将车位信息实时发布到车场内外的LED车位引导屏；

②每个停车区域设置车位引导显示屏，可显示当前或相关区域的剩余车位信息；

③视频智能车位检测器具有车牌识别功能，能准确识别当前车位的车牌信息，并将这些信息发送至停车场管理平台，同时车主通过App可直接接收到系统推送的车辆停放位置和图片信息；

④离场前车主可通过放置在停车场电梯厅的反向寻车机即可快速找到自己车辆停放的位置。

2）场内引导和反向寻车流程

①场内引导：

车主进入停车场后，通过部署在停车场内的区域屏的视频引导单元获知各区域剩余车位数量，通过箭头指示前往自己认为最合适的区域（比如余位数最多或距离最近的区域）。到达停车区域后，则可通过车位前方的车位指示灯，快速直观地获知当前停车区域空余车位分布情况，快速找到空余车位，驶入停车位，完成停车。

车辆进入停车位后，视频智能终端抓拍车辆图片，识别车牌号码，控制车位灯根据情况变换颜色（有空位为绿色，无空位为红色）。视频引导单元直接查询视频智能终端的状态，汇总数据后，更新相应小区域的空余车位数量。区域屏查询视频引导单元数据，汇总处理后，更新显示相应大区域的空余车位数量。同时，视频智能终端将车辆图片信息发送给管理中心。

②反向寻车：

a. 反向寻车机寻车流程：用于停车车主搜索停车位置、查询车辆。可以根据车牌号码、车位编码、停车时间来查询自己的车辆。对于查询出来的停车车辆信息，能够显示车牌号码、车位名称、停车时间、车位位置信息，同时能够查看视频、停车图片以及获取在地图上的具体位置。

b. 手机端反向寻车流程：通过安装在室内停车场的蓝牙定位系统发出的信号（Ibeacon）+车主移动端（与手机蓝牙连接）+移动端车主程序内置的室内地图结合，形成室内定位与反向寻车及导航。

c. AR导航：通过AR视觉定位技术，提供寻车。AR视觉定位技术应用是基于视频采集以及服务端建图的方式对目标空间构建高精地图并结合特征点识别算法进行视觉定位服务。

基于获取移动终端位置姿态，结合SLAM算法与三维编辑引擎，实现数字世界的三维搭建与内容创造，达到具备深度与空间的虚实叠加效果，实现AR（增强显示）在移动端的赋能，让位置信息精准化，虚拟信息显性化。

（4）停车缴费

1）停车场缴费

①临时车辆

根据管理要求，临时车辆在入口处被自动识别车牌后，如果停车场有空车位则系统允许抬杆进入。出场时，系统根据车牌号判断是否需要收费，已提前缴费且在规定时间内行驶至出口的车辆，车牌识别确认后自动抬杆放行。出口未提前缴费车辆需在出口扫码支付后系统抬杆放行，临时车辆车主也可通过"新城建"小程序提前线上支付，在规定时间内即可做到出场不停车自动抬杆。

临时车辆，可以通过系统设定不同时间段的收费标准，管理灵活，系统自动管控。

②包月、固定、VIP车辆

提前将车牌号信息录入系统，进出场均不停车，系统自动抬杆放行，通行效率高、车主体验好。

③无牌车辆

对于部分无牌车行驶至入口，系统判断为无牌车辆，道闸不自动抬杆，并提醒车主需通过小程序扫码生成临时车牌号后，道闸方可抬起让车辆驶入。

对于未提前缴费的无牌车辆行驶至出口，可通过在线缴费后道闸自动抬起。对于已提前缴费的无牌车辆，出口需通过扫码确认后道闸自动抬起。

2）路侧缴费

路侧收费采用PDA+NB地磁车检器的方案，通过在每个泊位中部区域安装与地表平齐的地磁车检器，用于自动检测车辆的停放。一方面便于车主自助停车+车辆驶离自动扣费，另一方面可减少现场人员的投入，从而为无人值守+智慧停车创造便利条件。

①车主根据小程序/诱导屏端的指引或其他方式找到泊位，停车行为发生；

②车主将车辆驶入泊位停放完成后，地磁检测器检测到有车停放，将该车驶入时间发送至管理平台，平台记录该次停车行为发生，生成停车记录；

③对于未自助停车的车辆，平台接收到地磁检测信息后，经过判断会向该泊位监管的PDA（掌上电脑）推送消息，指引收费员前往该泊位进行车牌号的抓拍取证与凭证打印；

④如车主发生逃费行为，车辆欠费信息会上传至平台，用于后期欠费的追缴；

⑤对于有欠费的车辆，未进行在线费用补缴并再次驶入停车位时，收费员通过PDA录入车牌号后，PDA会显示该车辆有欠费信息，并可进行欠费追缴。

## 7.3　面向智慧城市的应用

基于"车城网"的感知能力融合城市交通与各类基础设施运行状态、安全监测数据、行业数据、舆情数据，设计城市安全与综合管理应用，支持构建集感知、分析、服务、指挥、监察于一体的城市综合管理服务应用体系。

依托车城联动开展智慧城市综合管理，实现城市关键事件场景的智能化治理。充分发挥"双智"协同的优势，在智能网联汽车日常运行过程中同步开展城市巡检，与城市智能基础设施采集的监测数据融合应用，实现城市隧道积水预警、城市灾害预警、市政设施状态监测等功能，精细化、场景化地展示智慧城市整体市政管理态势，形成对城市事件的精细化管理服务，实现城市隐患及早发现、尽早排查。通过"车城网"平台，实现了公安、交管等部门监管平台的对接，同时协同区级平台，针对城市需求的隧道积水、道路施工、洪涝灾害等事件形成精细化监管预案，提升城市智能化治理水平。

### 7.3.1　城市安全监测

基于"车城网"建设思路，在区域内面向交通出行、市民服务、城市管理、产业创新等多个方向实施创新示范应用建设。在区域"车城网"网络覆盖范围内安装传感器、采集器、物联网智能终端，充分运用物联网先进技术手段感测、接入、分析、与城市运行核心系统的交互等各项关键信息，从而对于包括民生、环保、公共安全、城市服务、工商业活动在内的各种需求做出智能响应。

1．场景规划

路端安全监测基于物联网技术，对道路及周边存在的安全隐患点进行实时监测，具体监测内容包括井盖位移、路面积水及广告牌倾斜等。

（1）井盖位移监测

井盖位移监测可以实现对井盖状态（开启、位移、倾斜、破损）、井下液位高度及井内有害气体浓度等指标进行实时监测、及时报警、自动巡检、快速处置等功能，保障城市公共设施安全，大幅降低由于井盖遗失及破损而导致交通事故的风险，同时也提升了城管人员的巡查及排险效率，进一步提高城市管理的信息化、智能化水平。

（2）路面积水监测

城市道路积水监测可实时监测城区各低洼路段的积水水位并实现自动预警。市政城管部门借助该系统可整体把握整个城区内涝状况，及时进行排水调度。交通管理部门通过该系统可获取各路段的实时积水水位，并借助"车城网"网络为该区域内的行车车辆以及人员及时提供出行信息，避免人员、车辆误入深水路段而造成重大损失。

（3）广告牌倾斜监测

伴随着城市商业经济的飞速发展，新的商业媒体形式不断涌现，大型广告牌匾大量部署在人口活动密集、高建筑物之上，给公共安全带来潜在的威胁。由于长期暴露在户外，广告牌的稳固性也会日渐受到影响，尤其是道路附近的高空广告牌，掉落后果十分严重，容易酿成安全事故。广告牌倾斜监测综合利用传感器自动测量技术与物联网技术的监控系统，能够极大地提高城市对大型广告牌的安全监控。

**2．核心功能**

（1）井盖位移监测

通过在智能井盖上加装的智能传感器采集状态信息，回传至物联网云平台管理中心，系统对城市井盖的"位置信息、异常丢失、异常开启、破损"等状态信息进行数据分析和预警。监测单元包含超低功耗智能井盖感应器、"车城网"物联网基站、IoT PaaS服务平台、智能井盖应用管理系统。

主要功能包括：

1）监测井盖位移、倾斜、加速度和振动数据，实时监控井盖状态；

2）当井盖缺失、被掀开或严重破损时，传感器会发出告警信号；

3）通过加装超声波测距传感器，可监测窨井内的液位高度，超过限值会发出告警信息；

4）通过加装气体浓度传感器，可监测窨井内的气体浓度（如甲烷和氨气），避免气体浓度过高产生危险；

5）传感器信息均通过物联网无线通信网络传输，信道安全可靠。

（2）路面积水监测

城市积水智能监测主要目的是为城市道路、地面、隧道、立交桥等容易积水的场合提供监测、预警服务。系统应用电子水尺于各立交桥桥洞、各路面街道、隧道等区域测量实时水位信息；采用高度集成的一体化设备，包含多传感器接入、本地化预警、远程无线发射、蓄电池充放电管理等单元，具有易于架设、使用简单、待机功耗低、通信距离远、可靠性高的优点。

城市积水智能监测系统主要由数据中心、传输设备以及分布在市内各处的监测终端组成。监测终端包括电子水尺、温湿度传感器、雨量传感器等设备，监测各个积水点的水文、气象数据，可以完成积水深度、温度、湿度、雨量等数据采集，并通过无线方式上传至数据中心。数据中心通过相关软件接收并处理由监测点发来的数据，将处理的数据信息在一定时间内分发给相关部门决策者，并根据具体情况及时发布预警信息。

在城市积水监测中，需要对众多的易积水点进行实时监测，大部分监测数据需要实时发送到数据中心的后端服务器进行处理，并通过"车城网"发布。由于监测站分散，分布范围广，数据量不大，因此采用低功耗广域（LPWA）物联网方案，使用电池供电，与其他通信方式相比，具有网络使用费用低、施工简单、维护方便等特点。主要实现功能包括：

1）实时监测道路低洼处、下穿式立交桥和隧道的积水水位，并通过"车城网"物联网基站远程传送至城市内涝监测预警中心；

2）立交桥、隧道积水监测点可通过情报板自动提示（或监测中心远程手动提示）当前积水水位值或"允许通行""谨慎通行""禁止通行"等警示信息；

3）立交桥、隧道积水监测点可与本地排水泵站实现联动，根据积水水位自动控制排水泵组的启停；

4）监测点具备光纤通信条件时，可扩展实时视频监控功能；

5）水位过高、设备异常时系统自动报警，并自动向责任人手机发送报警短信。

液位与水浸检测系统主要由液位传感器、水浸变送器与水浸检测线、液位传感器挂板、天线、主控模板等组成，实现积水检测、展示、数据上传、对接政府监测平台，从而实现目标参数的24h监管。

1）液位传感器：对液位进行自动监测，每隔一小段时间采集一次数据，采集周期可以远程设置，并实时上传至服务器供后台程序统计和分析，供政府和用户实时把握情况。

2）水浸变送器与水浸检测线：对城市道路、地面、隧道、立交桥等积水状况需进行告警的场所，与液位传感器一样，每隔一小段时间采集一次数据，并实时上传至服务器供后台程序统计和分析，帮助管理者制定处理方案。

3）液位传感器挂板：对液位传感器的线缆进行固定，使其不容易颤动和下放，使数据更加精确。

4）天线：在"车城网"覆盖区域内的任何地点都可以把数据上传到后台服务器，供用户实时查看情况。

（3）广告牌倾斜监测

通过部署倾角传感器终端对广告牌的倾斜状态进行实时监测，并借助物联网无线通信网络，将测量数据发送到远程监控端，以便日常实时分析对比。一旦发现倾斜状况异常，能够及时派出人员进行现场检修以排除风险。同时，通过设置一定的安全倾斜度范围，当广告牌倾斜度逐步变化到设定的预警值时，自动发出报警信息。

### 7.3.2 城市安全推演与灾害预警

城市人员密集，发生城市安全事件后往往现场社情民情复杂，险情警情交织，任务态势掌控困难，事态发展难以把控，对人民群众的生命、财产安全带来极大的损害和威胁。在事件发生后，需要各警种、交管、医疗、交通、救援、工程等多方参与处置，合理的处置方案可以节约处置时间，降低事件损失，减小事件影响。

城市安全智能推演系统结合城市安全领域智能感知监测数据和历史数据，形成对城市安全的整体态势感知。通过在回路推演、规则控制推演和基于大数据AI控制的推演，实现城市安全场景方案推演。评估系统基于切实相应业务指标体系对推演方案结果进行评估分析。智能推演系统通过对城市安全场景的全流程推演，为城市安全事件处置提供有力的支持。

### 7.3.3 城市巡检

#### 1．道路病害监测

城市道路作为车辆的载体，是城市基础设施的重要组成部分。随着城市建设的持续发展，由于管网渗漏及地下工程施工导致的道路脱空、塌陷等事故频繁发生，严重影响城市交通的正常运行及人民生命财产安全。整合利用城市地下基础设施信息及监测预警管理平台建设成果，重点融合"车城网"网络覆盖区域重点道路的地下监测数据，综合分析道路病害的发生机理，进行道路病害监测与预警，及时排查隐患，避免道路塌陷事故对交通产生重大影响。

#### 2．城市巡查

通过AI识别、智能算法等，将城市管理人员有机结合在一起，成功实现自动驾驶巡检车城市巡查，能够在低速情况下充分实现城市管理运行 7×24h 自动化巡检，并实现城市管理问题采集上报。感知能力方面，能够对包含气象监测设备在内的多种感知设备进行测试，链接更丰富的物联感知能力。业务场景方面，逐步探索从公共道路到智慧社区、工业园区的应用，链接更广泛的人和事。结合自动驾驶技术的日益成熟、相关路权开放政策的逐步完善，实现了城市治理能力与治理体系智能化，实现了城市数据采集的低速无人驾驶业务场景。

第**8**章

# 推动"双智"协同标准化建设

## 8.1 标准化工作基础

### 8.1.1 整体情况

2020年11月,《住房和城乡建设部办公厅　工业和信息化部办公厅关于组织开展智慧城市基础设施与智能网联汽车协同发展试点工作的通知》(建办城函〔2020〕594号),鼓励城市围绕智能化基础设施、新型网络设施、"车城网"平台、示范应用及标准制度五个方面展开建设。标准是各领域不可或缺的基础技术文件,对于推动相关领域的技术发展具有极为重要的作用。标准体系是标准有序排列的集合体,随着内外部条件的变化,标准体系需要持续提升和完善,通过对现有标准的梳理,还需要对各技术领域的标准开展需求分析,对今后和未来的标准制定、修订进行规划。

建立智慧城市基础设施与智能网联汽车协同标准体系,是"双智"试点标准化工作的重要内容,是指导"双智"试点建设涉及技术相关标准研究制定的纲领性文件,对促进双智领域相关规划设计、技术研发、工程建设、运行管理、产业发展及标准化文件的互认共用具有重要意义。各试点城市积极组织本地行业企业、高校、科研机构等产业力量参与"双智"标准工作,结合自身地缘与产业特点,在产业顶层设计、基础设施建设、应用模式探索运营等方面开展了大量实践和先导性验证工作,在道路与设施建设分级、产业方向引导以及跨部门协同方面,有针对性地出台了多项补盲性导则,从网络部署、路侧感知设施、"车城网"平台、测试与应用等不同角度出发,共计编撰发布标准80余项,输出了符合各地产业发展特征、各具亮点的标准成果。

### 8.1.2 一批试点城市标准化工作现状

北京市重点基于示范区建设以及开展车路协同自动驾驶场景验证中形成的技术成果,围绕示范区"车、路、云、网、图、安全"全维度构建完备标准体系框架,参编了《智慧城市 智慧多功能杆 服务功能与运行管理规范》GB/T 40994—2021，编写了《车路协同路侧基础设施》等多项标准。

上海市从应用场景出发，以提升与数字新基建融为一体的安全设施和服务能力为目的，牵头完成3项"双智"协同发展标准，分别为《自动驾驶出租汽车 第1部分：车辆运营技术要求》T/ITS 0137.1—2020、《自动驾驶出租汽车 第2部分：自动驾驶功能测试方法及要求》T/ITS 0137.2—2020、《智慧道路建设技术导则》DB 31114/Z 018—2021。

广州市侧重数据、测试、运营等方面，立项了《基于智慧灯杆的道路车辆数据接口技术规范》《智能网联汽车LTE-V2X系统性能要求及测试规范》《基于CIM的"车城网"建设、运营和评价标准》等19项标准。

长沙市在智慧交通与智能网联公交方面的应用较为突出，相继发布了《智能网联公交车路云一体化系统技术规范 第1部分：总体技术要求》DB 43/T 2538—2022等地方标准。

武汉市以新能源和智能网联汽车基地建设及运营为基础，从高精地图与高精度定位领域切入，编写了《室内空间基础要素通用地图符号》《道路高精度电子导航地图生产技术规范》等6项相关行业标准。

无锡市为了加强工业和信息化局、住房和城乡建设局、自然资源和规划局等部门的协同，根据不同的车路协同应用场景规划，明确道路网联化等级需求，编写了《智能网联道路基础设施建设指南 第1部分：总则》DB3202/T 1034.1—2022。

## 8.2 存在问题

各个地方在试点建设过程中，结合本地试点特色，联合产学研多方力量，通过跨领域、跨厂商的合作积累了大量的技术经验，并积极通过标准的形式固化这一经验。

与此同时，当前开展的标准化工作相对离散，标准缺乏统筹协调，一方面各城市制定标准参差不齐，在标准编制过程中存在技术细节考虑不严谨、标准推广性不够强等问题，另一方面，缺少整体性规划设计，不同试点城市、标准委员会之间的标准化工作交流沟通较少，发布的标准以地方标准和团体标准为主，无法在更大范围、更高层面实现系统互联互通与耦合协同。

因此，需要开展顶层指导，构建行业共识的"双智"标准体系，出台可具体指导各地方建设的技术指南，为下一步持续完善试点建设、实现跨区域系统互联互通提供支撑和保障。

## 8.3　"双智"协同标准体系建设

### 8.3.1　建设原则

#### 1．全面性原则

应充分研究当前预计的"双智"建设中所需的技术、业务及管理等方面的各项标准，并使这些标准互相配套，构成一个完整、全面的整体。

#### 2．层次合理

应根据标准的适用范围，合理安排框架层次。一般应尽量扩大标准的适用范围，或尽量安排在高层次上，力求构建的标准体系框架为将来的发展预留空间。

#### 3．分类明确

框架体系及分体系的划分标准应明确，避免出现同一标准可列入不同分体系的现象。

#### 4．协调性原则

标准体系的构建尽量参照相关国际标准、国家标准或行业标准，避免该框架列入的标准与已有标准重复、交叉及冲突，应尽量使所设计的框架与其他体系标准间协调配套。

#### 5．前瞻性原则

在结合当前征信市场实际发展的同时，体系框架的构建应充分考虑今后3～5年市场发展的需要，应能在可预见的时间内容纳所有已经制定、正在制定和可能制定的标准。

### 8.3.2　体系内容

"双智"协同标准体系包括五部分：通用、"双智"协同支撑体系、"车城网"平台、运营服务以及安全管理。通用部分主要包括术语、分级分类、编码等内容；"双智"协同支撑体系部分是"双智"协同应用实现的基础，此部分主要包括交通、能源、定位、通信等基础设施内容；"车城网"平台是"双智"协同发展的中枢平台，此部分主要包括架构、功能、接口、数据等；运营服务部分对应具体"双智"涉及场景，包括基础服务、城市管理、出行服务、专项服务等；安全管理部分主要包括"双智"建设过程中涉及的技术安全、体系安全及安全监管等内容。

# 8.4 "双智"标准制定、修订

## 8.4.1 国内外"双智"标准现状

### 1. 智慧城市基础设施标准化现状

智慧城市概念于2008年底提出，随后在国际上引起广泛关注，近年来智慧城市标准化工作已成为国际及国内标准化组织的工作热点。

国际方面，智慧城市的国际标准化工作早在2012年就已经开始，ISO、IEC、ITU三大核心国际标准化组织都在积极开展智慧城市标准的编制以及研究工作，如国际标准化组织（ISO）的社会可持续发展技术委员会/智能社区基础设施分技术委员会（ISO/TC 268/SC 1）、国际电工委员会（IEC）组织的"智慧城市系统评估组"（IEC/SEG1）、国际标准化组织/国际电工委员会下设成立的智慧城市研究组（ISO/IEC JTC 1/SG 1）等。由于智慧城市标准化工作起步较早，参与国家众多，截至目前，通过对五个国际标准化组织（ISO、IEC、ITU-T、JTC 1、IEEE）及英、法、德、日、韩、美等八个发达国家标准化机构的检索，与智慧城市相关联的标准已超过千个。虽然与智慧城市相关联的国际标准数量非常庞大，标准涉及内容十分广泛，但针对智慧城市基础设施的专项标准数量相对较少，并且以ISO标准为主，参考表8-1。

智慧城市基础设施专项国际标准（部分列表）　　　　　表8-1

| 标准号 | 标准名称 |
| --- | --- |
| ISO/DTR 6030:2022 | 智慧城市基础设施 减少灾害风险调查结果和差距分析 |
| ISO/DTS 37172:2022 | 智慧城市基础设施 基于地理信息的城市基础设施数据交换和共享 |
| ISO/AWI 37153:2017 | 智慧城市基础设施 性能和集成成熟度模型 |
| ISO/DIS 37170:2022 | 智慧城市基础设施 城市治理与服务数字化管理框架与数据 |
| ISO/CD 37184:2023 | 智慧城市基础设施 为5G通信提供网格的智能交通指南 |
| ISO/DIS 37182:2022 | 智慧城市基础设施 智能交通 提高公交服务的燃油效率和减少污染排放 |
| ISO/DIS 37181:2022 | 智慧城市基础设施 自动驾驶汽车在公共道路上进行智能交通的概念和目标 |
| ISO/DIS 37168:2022 | 智慧城市基础设施 电动、联网和自动车辆（ECAV）智能交通指南及其在共享车辆按需响应乘客服务中的应用 |
| ISO/FDIS 37166:2022 | 智慧城市基础设施 城市规划多源数据集成标准 |
| ISO 37164:2021 | 智慧城市基础设施 使用燃料电池轻轨的智慧交通 |
| ISO 37180:2021 | 智慧城市基础设施 智慧交通指南，在交通及其相关或附加服务中使用二维码进行识别和认证 |

| 标准号 | 标准名称 |
| --- | --- |
| ISO 37169:2021 | 智慧城市基础设施 城市间通过直通车/公交运营实现智能交通 |
| ISO 37167:2021 | 智慧城市基础设施 降速行驶的智慧节能交通 |
| ISO 37153:2017 | 智慧城市基础设施 性能和集成成熟度模型 |
| ISO 37165:2020 | 智慧城市基础设施 智慧交通之数字支付指南 |
| ISO 37162:2020 | 智慧城市基础设施 新兴地区的智能交通 |
| ISO 37161:2020 | 智慧城市基础设施 城市交通服务节能智能交通指南 |
| ISO 37163:2020 | 智慧城市基础设施 智慧交通之城市停车场配置指南 |
| ISO 37160:2020 | 智慧城市基础设施 火力发电站的质量测量方法及运行管理要求 |
| ISO 37156:2020 | 智慧城市基础设施 基于地理信息的城市基础设施数据交换与共享 |
| ISO 37159:2019 | 智慧城市基础设施 大城市区域及其周边地区之间快速交通的智能交通 |
| ISO 37158:2019 | 智慧城市基础设施 电池驱动公交系统 |
| ISO 37157:2018 | 智慧城市基础设施 紧凑型城市的智能交通 |
| ISO 37154:2017 | 智慧城市基础设施 最佳交通实践指南 |
| ISO/TS 37151:2015 | 智慧城市基础设施 绩效评价的原则和要求 |
| ISO/TR 37152:2016 | 智慧城市基础设施 开发与运营通用框架 |
| ISO/TR 37150:2014 | 智慧城市基础设施 数据交换与共享指南 |

国内方面，我国智慧城市标准化工作起步较早，现有较多的智慧城市标准化组织，并且已完成标准体系建设，标准数量也在不断提升。我国智慧城市相关标准化组织主要有全国智能建筑及居住区数字化标准化技术委员会（SAC/TC 426）、全国信息技术标准化技术委员会（SAC/TC 28）等。2015年，国家标准化管理委员会等部委联合提出智慧城市标准体系框架。

在国家智慧城市标准体系指导下，截至目前国内相关标准化技术组织共规划、立项了69项急用先行的国家标准。可以看出，这一阶段标准主要聚焦于基础通用标准，包括术语、评价、参考模型等总体类标准，数据融合、共性支撑平台、跨系统交互等关键支撑技术与平台类标准，安全体系框架、信息安全保障指南等安全保障类标准。在各相关标准化技术组织的积极推动下，目前已有39项国家标准编制完成并发布（表8-2）。《新型智慧城市评价指标》GB/T 33356—2022、《智慧城市 顶层设计指南》GB/T 36333—2018等国家标准已成为各地开展智慧城市规划、建设、评估时重点参考的技术依据，得到广泛应用，切实发挥了标准的规范和引领作用。在研国家标准清单详见表8-3。

截至2022年12月已发布国家标准清单（智慧城市标准化白皮书）·表8-2

| 序号 | 标准号 | 标准名称 | 归口单位 |
|---|---|---|---|
| 1 | GB/T 33356—2022 | 新型智慧城市评价指标 | 全国信息技术标准化技术委员会 |
| 2 | GB/T 34678—2017 | 智慧城市 技术参考模型 | 全国信息技术标准化技术委员会 |
| 3 | GB/T 34680.1—2017 | 智慧城市评价模型及基础评价指标体系 第1部分：总体框架及分项评价指标制定的要求 | 全国信息技术标准化技术委员会 |
| 4 | GB/T 34680.3—2017 | 智慧城市评价模型及基础评价指标体系 第3部分：信息资源 | 全国信息技术标准化技术委员会 |
| 5 | GB/T 34679—2017 | 智慧矿山信息系统通用技术规范 | 全国信息技术标准化技术委员会 |
| 6 | GB/T 35776—2017 | 智慧城市时空基础设施 基本规定 | 国家测绘地理信息局 |
| 7 | GB/T 35775—2017 | 智慧城市时空基础设施 评价指标体系 | 国家测绘地理信息局 |
| 8 | GB/T 34680.4—2018 | 智慧城市评价模型及基础评价指标体系 第4部分：建设管理 | 全国智能建筑及居住区数字化标准化技术委员会 |
| 9 | GB/T 36332—2018 | 智慧城市 领域知识模型 核心概念模型 | 全国信息技术标准化技术委员会 |
| 10 | GB/T 36333—2018 | 智慧城市 顶层设计指南 | 全国信息技术标准化技术委员会 |
| 11 | GB/T 36334—2018 | 智慧城市 软件服务预算管理规范 | 全国信息技术标准化技术委员会 |
| 12 | GB/T 36445—2018 | 智慧城市 SOA标准应用指南 | 全国信息技术标准化技术委员会 |
| 13 | GB/T 36622.1—2018 | 智慧城市 公共信息与服务支撑平台 第1部分：总体要求 | 全国信息技术标准化技术委员会 |
| 14 | GB/T 36622.2—2018 | 智慧城市 公共信息与服务支撑平台 第2部分：目录管理与服务要求 | 全国信息技术标准化技术委员会 |
| 15 | GB/T 36622.3—2018 | 智慧城市 公共信息与服务支撑平台 第3部分：测试要求 | 全国信息技术标准化技术委员会 |
| 16 | GB/T 36625.1—2018 | 智慧城市 数据融合 第1部分：概念模型 | 全国信息技术标准化技术委员会 |
| 17 | GB/T 36625.2—2018 | 智慧城市 数据融合 第2部分：数据编码规范 | 全国信息技术标准化技术委员会 |
| 18 | GB/T 36621—2018 | 智慧城市 信息技术运营指南 | 全国信息技术标准化技术委员会 |
| 19 | GB/T 37043—2018 | 智慧城市 术语 | 全国信息技术标准化技术委员会 |
| 20 | GB/T 36620—2018 | 面向智慧城市的物联网技术应用指南 | 全国信息技术标准化技术委员会 |
| 21 | GB/T 36342—2018 | 智慧校园总体框架 | 全国信息技术标准化技术委员会 |
| 22 | GB/T 36552—2018 | 智慧安居信息服务资源描述格式 | 全国信息分类与编码标准化技术委员会 |
| 23 | GB/T 36553—2018 | 智慧安居应用系统基本功能要求 | 全国电子业务标准化技术委员会 |
| 24 | GB/T 36555.1—2018 | 智慧安居应用系统接口规范 第1部分：基于表述性状态转移（REST）技术接口 | 全国电子业务标准化技术委员会 |
| 25 | GB/T 36554—2018 | 智慧安居信息服务资源分类与编码规则 | 全国信息分类与编码标准化技术委员会 |

续表

| 序号 | 标准号 | 标准名称 | 归口单位 |
|---|---|---|---|
| 26 | GB/T 37976—2019 | 物联网 智慧酒店应用 平台接口通用技术要求 | 全国信息技术标准化技术委员会 |
| 27 | GB/T 38237—2019 | 智慧城市 建筑及居住区综合服务平台通用技术要求 | 全国智能建筑及居住区数字化标准化技术委员会 |
| 28 | GB/T 36625.5—2019 | 智慧城市 数据融合 第5部分：市政基础设施数据元素 | 全国信息技术标准化技术委员会 |
| 29 | GB/T 37971—2019 | 信息安全技术 智慧城市安全体系框架 | 全国信息安全标准化技术委员会 |
| 30 | GB/Z 38649—2020 | 信息安全技术 智慧城市建设信息安全保障指南 | 全国信息安全标准化技术委员会 |
| 31 | GB/T 39465—2020 | 城市智慧卡互联互通 充值数据接口 | 全国智能建筑及居住区数字化标准化技术委员会 |
| 32 | GB/T 34680.2—2021 | 智慧城市评价模型及基础评价指标体系 第2部分：信息基础设施 | 全国通信标准化技术委员会 |
| 33 | GB/T 36625.3—2021 | 智慧城市 数据融合 第3部分：数据采集规范 | 全国通信标准化技术委员会 |
| 34 | GB/T 36625.4—2021 | 智慧城市 数据融合 第4部分：开放共享要求 | 全国通信标准化技术委员会 |
| 35 | GB/T 40028.2—2021 | 智慧城市 智慧医疗 第2部分：移动健康 | 全国通信标准化技术委员会 |
| 36 | GB/T 40656.1—2021 | 智慧城市 运营中心 第1部分：总体要求 | 全国通信标准化技术委员会 |
| 37 | GB/T 40689—2021 | 智慧城市 设备联接管理与服务平台技术要求 | 全国信息技术标准化技术委员会 |
| 38 | GB/T 40994—2021 | 智慧城市 智慧多功能杆 服务功能与运行管理规范 | 全国城市公共设施服务标准化技术委员会 |
| 39 | GB/T 41150—2021 | 城市和社区可持续发展 可持续城市建立智慧城市运行模型指南 | 全国城市可持续发展标准化技术委员会 |

在研国家标准清单（智慧城市标准化白皮书） 表8-3

| 序号 | 计划号 | 标准名称 | 归口单位 |
|---|---|---|---|
| 1 | 20152348—T—339 | 智慧城市 跨系统信息交互 第1部分：总体框架 | 全国通信标准化技术委员会 |
| 2 | 20152347—T—339 | 智慧城市 跨系统信息交互 第2部分：技术要求及测试规范 | 全国通信标准化技术委员会 |
| 3 | 20152345—T—339 | 智慧城市 跨系统信息交互 第3部分：接口协议及测试规范 | 全国通信标准化技术委员会 |
| 4 | 20150021—T—339 | 公众电信网增强 智慧城市管理系统总体技术要求 | 全国通信标准化技术委员会 |
| 5 | 20161920—T—469 | 智慧城市 智慧医疗 第1部分：框架及总体要求 | 国家卫生健康委员会 |
| 6 | 20180987—T—469 | 智慧城市 建筑及居住区 智慧社区数字化技术应用 | 全国智能建筑及居住区数字化标准化技术委员会 |

| 序号 | 计划号 | 标准名称 | 归口单位 |
|---|---|---|---|
| 7 | 20194200—T—469 | 智慧城市评价模型及基础评价指标体系 第5部分：交通 | 全国信息技术标准化技术委员会 |
| 8 | 20194205—T—469 | 《新型智慧城市评价指标》修订 | 全国信息技术标准化技术委员会 |
| 9 | 20202576—T—469 | 智慧城市 智慧停车 第1部分：总体要求 | 全国信息技术标准化技术委员会 |
| 10 | 20210852—T—469 | 城市和社区可持续发展 智慧可持续社区成熟度模型 | 全国城市可持续发展标准化技术委员会 |
| 11 | 20210849—T—469 | 智慧城市 突发公共卫生事件数据有效利用评估指南 | 全国信息技术标准化技术委员会 |
| 12 | 20210851—Z—469 | 智慧城市基础设施 绩效评价的原则和要求 | 全国城市可持续发展标准化技术委员会 |
| 13 | 20210854—T—469 | 可持续城市与社区 智慧城市运行模型 应对城市突发公共卫生事件的应用指南 | 全国城市可持续发展标准化技术委员会 |
| 14 | 20210853—T—469 | 智慧城市基础设施：突发公共卫生事件居民社区基础设施数据获取和利用规范 | 全国城市可持续发展标准化技术委员会/全国信息技术标准化技术委员会 |
| 15 | 20213293—T—469 | 智慧城市 人工智能技术应用场景分类指南 | 全国信息技术标准化技术委员会 |
| 16 | 20213294—T—469 | 智慧城市 成熟度模型 | 全国信息技术标准化技术委员会 |
| 17 | 20213295—T—469 | 智慧城市 城市智能服务体系构建指南 | 全国信息技术标准化技术委员会 |
| 18 | 20213305—T—469 | 智慧城市 感知终端应用指南 | 全国信息技术标准化技术委员会 |
| 19 | 20213306—T—469 | 智慧城市 城市运行指标体系 总体框架 | 全国信息技术标准化技术委员会 |
| 20 | 20213309—T—469 | 智慧城市 用于公众信息服务的终端总体要求 | 全国信息技术标准化技术委员会 |
| 21 | 20213549—T—333 | 智慧城市 建筑及居住区 第2部分：智慧社区评价 | 全国智能建筑及居住区数字化标准化技术委员会 |
| 22 | 20213390—T—469 | 智慧社区基础设施 评估和改善成熟度模型 | 全国城市可持续发展标准化技术委员会 |
| 23 | 20214278—T—469 | 智慧城市 公共卫生事件应急管理平台通用要求 | 全国信息技术标准化技术委员会 |
| 24 | 20214281—T—469 | 智慧城市 智慧停车 第3部分：平台技术要求 | 全国信息技术标准化技术委员会 |
| 25 | 20214284—T—469 | 智慧城市 智慧停车 第2部分：数据要求 | 全国信息技术标准化技术委员会 |
| 26 | 20214353—T—469 | 智慧城市 智慧多功能杆 系统总体要求 | 全国信息技术标准化技术委员会 |
| 27 | 20214492—T—469 | 智慧城市 城市运行指标体系 智能基础设施 | 全国信息技术标准化技术委员会 |
| 28 | 20213297—T—469 | 城市数据治理能力成熟度模型 | 全国信息技术标准化技术委员会 |
| 29 | 20214992—T—312 | 智慧城市服务体验感知评价通则 公共安全信息应用 | 公安部 |
| 30 | 20220117—T—469 | 智慧城市基础设施 智慧城市基础设施数据交换与共享指南 | 全国城市可持续发展标准化技术委员会 |

### 2．智能网联汽车标准化现状

国际方面，由于欧美等发达国家智能汽车的发展路线以单车智能为主，导致智能网联汽车国际标准仍为空白，目前智能汽车国际标准主要以自动驾驶标准为主，主要标准化组织为ISO及美国机动工程师协会SAE，详见表8-4、表8-5。2020年9月，中国智能网联汽车产业创新联盟正式发布《智能网联汽车团体标准体系建设指南》，标准体系将智能网联汽车标准划分为车辆关键技术、信息交互关键技术与基础支撑关键技术三大领域。

智能网联汽车专项国际标准（部分列表）　　　　　　　表8-4

| 标准号 | 标准名称 |
| --- | --- |
| ISO/TR 4804:2020 | 道路车辆　自动驾驶系统的安全和网络安全　设计、验证和确认 |
| ISO/DIS 34502 | 道路车辆　基于场景的自动驾驶系统安全评估框架 |
| ISO/AWI 34503 | 道路车辆　自动驾驶系统操作设计领域的分类法 |
| ISO/DIS 34501 | 道路车辆　自动驾驶系统测试场景的术语和定义 |
| ISO 23150:2021 | 道路车辆　自动驾驶功能的传感器和数据融合单元之间的数据通信　逻辑接口 |
| ISO/TR 21959—1:2020 | 道路车辆　自动驾驶背景下的人的表现和状态　第一部分：共同的基本概念 |
| ISO/TR 21959—2:2020 | 道路车辆　自动驾驶背景下的人的表现和状态　第二部分：设计实验调查过渡过程的考虑因素 |
| ISO 20524—2:2020 | 智能运输系统　地理数据文件（GDF）GDF5.1　第二部分：自动驾驶系统、合作运输和多式联运中使用的地图数据 |
| SAE J3197:2021 | 自动驾驶系统数据记录器 |
| SAE J3134:2019 | 自动驾驶系统（ADS）标志灯 |
| SAE J3206:2021 | 自动驾驶系统（ADS）的安全原则的分类和定义 |
| SAE EPR2020004 | 关于自动驾驶系统和发展生态系统的未决问题（SAE EDGE研究报告——连接和自动驾驶汽车技术） |
| SAE EPR2020016 | 关于自动驾驶系统的政策方面的未决问题（SAE EDGE研究报告——连接和自动驾驶汽车技术） |
| SAE EPR2019009 | 有关自动驾驶系统现场测试的未决问题（SAE EDGE研究报告——连接和自动驾驶汽车技术） |
| SAE EPR2019007 | 确定自动驾驶系统仿真的适当建模保真度的未决问题（SAE EDGE研究报告——连接和自动驾驶汽车技术） |

车路协同相关标准列表　　　　　　　　　　　　　　　表8-5

| 标准号 | 标准名称 | 标准类型 | 归口单位 |
|---|---|---|---|
| 20204959-T-469 | 车路协同系统智能路侧一体化协同控制设备技术要求和测试方法 | 国家标准 | 全国智能运输系统标准化技术委员会 |
| DB50/T 10001.4—2021 | 智慧高速公路　第4部分：车路协同系统数据交换 | 地方标准 | 重庆市、四川省 |
| T/SHJX 005—2018 | 车路协同系统　应用场景描述和技术参数定义 | 团体标准 | 上海市交通运输行业协会 |
| T/SHJX 002—2019 | 车路协同系统　功能性能测试技术规程 | 团体标准 | 上海市交通运输行业协会 |
| T/SHJX 003—2019 | 车路协同系统　基于LTE的车路通信技术框架 | 团体标准 | 上海市交通运输行业协会 |
| T/SHJX 004—2019 | 车路协同系统　车载信息系统一体化技术要求 | 团体标准 | 上海市交通运输行业协会 |
| T/ITS 0135—2020 | 基于车路协同的高等级自动驾驶　数据交互内容 | 团体标准 | 中关村中交国通智能交通产业联盟 |
| T/ITS 0140—2020 | 智慧高速公路车路协同系统框架及要求 | 团体标准 | 中关村中交国通智能交通产业联盟 |
| T/SZITS 002.9—2021 | 低速无人车城市商业运营安全管理规范第9部分：关键技术、部件、车路协同及检测认证方法 | 团体标准 | 深圳市智能交通行业协会 |
| T/ITS 0127—2020 | 面向车路协同的通信证书管理技术规范 | 团体标准 | 中关村中交国通智能交通产业联盟 |
| T/ITS 0133—2020 | 基于车路协同的自动驾驶实车在环测试系统　应用数据交互信息集 | 团体标准 | 中关村中交国通智能交通产业联盟 |
| T/ITS 0135—2020 | 基于车路协同的高等级自动驾驶数据交互内容 | 团体标准 | 中关村中交国通智能交通产业联盟 |
| T/CDAIA 0002—2021 | 智能网联汽车封闭测试场道路测试评价总体技术要求 | 团体标准 | 成都市绿色智能网联汽车产业生态圈联盟 |
| T/ZAII 023—2020 | 智能网联汽车开放测试道路分类规范 | 团体标准 | 浙江省物联网产业协会 |
| T/ITS 0146—2020 | 智能网联扫路机系统技术要求与测试规程 | 团体标准 | 中关村中交国通智能交通产业联盟 |
| DB33/T 2391—2021 | 智能网联汽车　道路基础地理数据规范 | 地方标准 | 浙江省 |
| T/CDAIA 0003—2021 | 智能网联汽车开放道路测试环境建设总体技术要求 | 团体标准 | 成都市绿色智能网联汽车产业生态圈联盟 |
| T/CDAIA 0001—2021 | 智能网联汽车封闭测试场环境建设总体技术要求 | 团体标准 | 成都市绿色智能网联汽车产业生态圈联盟 |
| T/CDAIA 0004—2021 | 智能网联汽车开放道路测试评价总体技术要求 | 团体标准 | 成都市绿色智能网联汽车产业生态圈联盟 |

| 标准号 | 标准名称 | 标准类型 | 归口单位 |
|---|---|---|---|
| T/HNBX 102—2020 | 智能网联汽车封闭测试区（海南）自动驾驶功能评估内容与方法 | 团体标准 | 海南省标准化协会 |
| T/CAAMTB 34—2021 | 智能网联汽车数据格式与定义 | 团体标准 | 中国汽车工业协会 |
| 20203960—T—339 | 智能网联汽车操纵件、指示器及信号装置的标志 | 国家标准 | 全国汽车标准化技术委员会 |
| 20214420—Q—339 | 智能网联汽车自动驾驶数据记录系统 | 国家标准 | 全国汽车标准化技术委员会 |
| T/KJDL 001—2019 | 营运车辆智能网联终端通用技术规范 | 团体标准 | 广州市空间地理信息与物联网促进会 |
| 20213608—T—339 | 智能网联汽车自动驾驶系统通用功能要求 | 国家标准 | 全国汽车标准化技术委员会 |
| 20213606—T—339 | 智能网联汽车数据通用要求 | 国家标准 | 全国汽车标准化技术委员会 |
| 20213609—T—339 | 智能网联汽车自动驾驶功能道路试验 方法及要求 | 国家标准 | 全国汽车标准化技术委员会 |
| T/CSAE 101—2018 | 智能网联汽车车载端信息安全技术要求 | 团体标准 | 中国汽车工程学会 |
| T/CSAE 125—2020 | 智能网联汽车测试场设计技术要求 | 团体标准 | 中国汽车工程学会 |
| 20203962—T—339 | 智能网联汽车自动驾驶功能场地试验方法及要求 | 国家标准 | 全国汽车标准化技术委员会 |
| T/CSIA 007—2021 | 智能网联指路标志 | 团体标准 | 中国安全产业协会 |
| 20213513—T—312 | 智能网联汽车运行安全测试项目和方法 | 国家标准 | 全国道路交通管理标准化技术委员会 |
| 20205084—T—312 | 智能网联汽车运行安全测试环境技术条件 第1部分：公共道路 | 国家标准 | 全国道路交通管理标准化技术委员会 |
| 20213512—T—312 | 智能网联汽车运行安全测试环境技术条件 第2部分：半开放道路 | 国家标准 | 全国道路交通管理标准化技术委员会 |
| 20214504—T—339 | 智能网联汽车 自动驾驶功能场地测试方法及要求 第四部分：快速路行驶功能 | 国家标准 | 全国汽车标准化技术委员会 |
| T/CTS 1—2020 | 车联网路侧设施设置指南 | 团体标准 | 中国道路交通安全协会 |
| YD/T 3847—2021 | 基于LTE的车联网无线通信技术 支持直连通信的路侧设备测试方法 | 行业标准 | 中国通信标准化协会 |
| T/ITS 0110—2020 | 基于LTE的车联网无线通信技术 直连通信系统路侧单元技术要求 | 团体标准 | 中关村中交国通智能交通产业联盟 |
| GB/T 40994—2021 | 智慧城市 智慧多功能杆 服务功能与运行管理规范 | 国家标准 | 全国城市公共设施服务标准化技术委员会 |
| 20214353—T—469 | 智慧城市 智慧多功能杆 系统总体要求 | 地方标准 | 全国信息技术标准化技术委员会 |

| 标准号 | 标准名称 | 标准类型 | 归口单位 |
|---|---|---|---|
| DB34/T 3948—2021 | 城市智慧杆综合系统技术标准 | 地方标准 | 安徽省 |
| DB3201/T 1015—2020 | 城市道路多功能灯杆设置规范 | 地方标准 | 南京市 |
| DB32/T 3877—2020 | 多功能杆智能系统技术与工程建设规范 | 地方标准 | 江苏省 |
| DB4403/T 30—2019 | 多功能智能杆系统设计与工程建设规范 | 地方标准 | 深圳市 |

### 3．标准化现状总结

总体来看，智慧城市标准化工作起步较早，相对较为成熟，国际与国内都拥有比较完善的标准体系，其中智慧城市基础设施的国际标准与国内标准都取得了一定的成绩。智能网联汽车标准化工作起步相对较晚，国际方面更加偏重单车自动驾驶标准，国内方面标准体系刚刚初步建设完成，团体标准取得一定的突破，为后续更多的国家标准发布打下了基础。

虽然智慧城市基础与智能网联汽车都完成了各自的标准体系建设以及一定数量的标准发布，但可以明显看出二者彼此之间的关联度较低，不能形成一个有机的整体，尤其是缺少智能网联基础设施标准以及二者相互结合的应用场景标准，不利于智慧城市与智能网联汽车的协同发展，亟须开展解决上述问题的标准化研究及标准体系构建，以标准为切入点推进"双智"领域的快速健康发展。

## 8.4.2　标准发展研判与趋势

### 1．加强标准互认与协同推进

持续完善"双智"标准体系建设工作，在标准体系框架的基础上对各类标准进行细化分类，形成标准体系清单，以此为基础通过"双智"标准工作组协同16个"双智"试点城市，分工协同推进标准制定，首先建立16个城市的标准互认机制，并逐步在全国各城市进行推广。各试点城市标准化工作需充分吸取已有经验，充分利用"双智"标准体系，对于建设中发现的标准盲区或具有地方特色的解决方案，应及时开展相应的标准化工作，并且要鼓励和推动不同试点城市、不同标准委员会之间的交流沟通，促进不同地方、团队、行业标准之间的协同，推进"双智"标准化体系建设工作。

### 2．加强建设过程中的标准落实

在"双智"城市建设的不同阶段，包括建设初期的顶层规划、应用场景与方案设计、设施集采与建设、平台搭建与运营等方面，应坚持采用标准化建设方案，避免出现烟囱式的规划与建设，造成效果良莠不齐、影响用户体验。在试点建设过程中加强技术指导，确保采购部署的设备、系统通过标准化测试认证，避免出现"已有技术标准却不使用"或者"宣称使用标准却不检测"等现象。

### 3. 形成标准化的考核与监管体系

建立健全"双智"试点城市建设中的考核与监督机制，出台全生命建设周期的方案审查、流程管理、成果评估等实施细则，要求试点城市针对建设过程中的关键环节，明确相应责任主体，制定切实可行的考核指标，并设置相应的监管主体。通过定期检查、按期汇报等方式，完成对建设及运营流程的标准化闭环监管体系。

第**9**章

# 探索可持续发展模式

## 9.1 投资建设运营模式分析

### 9.1.1 "投建运"一体

在投资建设与运营一体化模式（图9-1）下，由同一个公司负责车路协同基础设施投资建设及运营，优势是可以在前期快速整合供应商资源推进项目建设，职责划分及政府考核明确，便于协调各个部门。劣势是商业模式尚不清晰，公司发展需定向给予支持。上海、广州、合肥、长沙、无锡等地成立新公司或利用原有地方国有企业统筹负责车路协同投资建设及运营。上海市通过政府独资企业上海国际汽车城（集团）

**图9-1 投资建设和运营一体化模式框架图**

（资料来源：中国电动汽车百人会智能网联研究院整理）

有限公司作为道路基础设施投资、建设、运营主体进行商业化探索。广州市由工业和信息化部电子五所等7家企事业单位共同发起成立广州市智能网联汽车示范区运营中心，负责智能网联汽车示范区的规划、建设、运营、组织、协调。长沙市湘江新区投资成立湖南湘江智能科技创新中心有限公司，主要负责测试区、应用场景、智能道路等重点项目的建设和运营。无锡市以地方政府独资企业无锡智汇交通科技有限公司作为车联网试点建设运营公司。

## 9.1.2 投资建设运营分离

在投资建设和运营分离模式（图9-2）下，投资建设以国有平台公司为主，建成后交由专业机构统一运营。优势是可以发挥各自的优势，特别能解决早期缺乏投资主体问题。劣势是运营责任难以清晰划分，全链条投资活动缺乏协同。北京市亦庄成立了对标"铁塔公司"的北京亦庄数字基础设施科技发展有限公司，负责道路基础设施的建设，以及路侧杆件改造整合、管理运维等；成立了对标"电信运营商"的北京车网科技发展有限公司，负责智能化路侧设备投资运营，并向政府及企业提供数据服务、测试服务及示范应用。智能化基础设施建设与运营模仿"铁塔公司"和"电信运营商"已有成熟模式，有助于减轻建设及运营方负担，快速形成车路协同商业模式。

图9-2 车路协同投资建设和运营分离模式框架图

（资料来源：中国电动汽车百人会智能网联研究院整理）

武汉市智能网联汽车示范区智能化基础设施由经开区国有企业负责建设，运营由智库机构武汉新能源与智能汽车创新中心负责，可以充分发挥智库机构顶层设计的引领作用。

## 9.2　政企合作模式分析

我国城市道路基础设施领域项目基本由政府出资主导兴建，政府部门提供涵盖从投资到建设再到运营几乎所有范围的公共服务。随着国家新型城镇化建设以及供给侧结构性改革需求的不断深入，各级地方政府债务规模也不断升级，既有模式已无法适应当前国家调结构、稳增长、促改革、惠民生的战略发展需要。推广应用政企合作（PPP）模式进行市政基础设施投资、建设、运营能够减少政府对微观事务的过度参与，减轻政府资产负债现状，盘活社会存量资本，提高公共产品和服务的效率与质量，促进经济结构的调整和转型升级，从根本上实现城市基础设施建设可持续发展的动力和能力。

未来车城协同应当采取"政府辅助，市场主导"的投资建设模式。在智能化道路建设中，除传统的"钢筋+水泥"道路基础设施外，还包括激光雷达、毫米波雷达、RSU、边缘计算设备等感知、通信、计算等"眼睛+大脑"智能基础设施。由于智能化设备建设要求高，迭代升级快，传统政府投资为主的模式不利于智能基础设施的高效建设和利用。

车城协同应用坚持以下原则：第一，应用主导，企业可以获利；第二，政府主导"钢筋+水泥"等具有市政性质基础设施的建设，企业主导"眼睛+大脑"等可获利性质基础设施的建设。实现政企分工推动基础设施建设，不仅可以利用社会资本快速推进智能化基础设施建设，缓解政府资金压力和风险，也可以尽快形成有价值的应用，充分调动企业的积极性，提高运营效率与质量。

## 9.3　运营主体分析

### 9.3.1　电信运营商运营经验分析

电信运营商与产业链上下游企业合作，构建了完善的网络运营体系（图9-3）。在电信运营上游，电信运营商通过采购电信设备商基站设备机器售后服务，租用中国铁塔股份有限公司（以下简称铁塔公司）杆塔资源，搭建覆盖全国的通信基础设施，并委托铁塔公司进行维保。其中，电信运营商为终端用户提供语音通话、流量服务及有线宽带等服务获得基础收益；同时，电信运营商通过为第三方应用服务商提供网络通道，用户在第三方应用服务商提供App消耗流量并向电信运营商支付费用，如美团、支付宝、抖音等App应用，形成以终端用户为驱动的可持续电信运营模式。借鉴电信运营商发展历程，从投资建设运维一体到"网业分离"，运营商实现了轻资产运作，规避了以基础设施进行垄断式竞争，用户服务质量将成为竞争的核心。

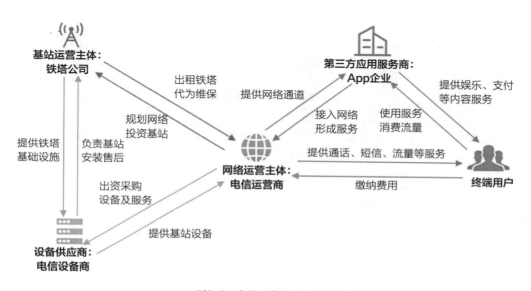

**图9-3 电信运营商运行模式分析**
（资料来源：公开资料，中国电动汽车百人会智能网联研究院整理）

### 1. 完善的通信基础设施建设和运维体系

电信运营商已建成覆盖全国的通信基础设施。基站建设数量多可以实现更好的网络信号覆盖，尤其是郊区及其他偏远地区，显著提升用户数量。如图9-4所示，截至2022年底，全国移动通信基站总数达1083万个，全年净增87万个。其中5G基站为231.2万个，全年新建5G基站88.7万个，占移动基站总数的21.3%，占比较上年末提升7个百分点。借助已搭建的全国通信网络，电信运营商具备提供车路协同"全国一张网"服务的基础能力。

投资与运维分离加速电信运营商基础设施建设。2014年铁塔公司的成立使得传统电信业实现了"网业分离"（业务运营和网络经营分离），即电信运营商负责投资基站、运营网络，铁塔公司负责铁塔建设、维护、运营，包括基站机房、电源、空调配套设施和室内分布系统的建设、维护、运营及基站设备的维护，如图9-5所示。"网业分离"首先解决了铺管道、埋光缆、立铁塔、架天线等杆塔基础设施重复建设，提高电信基础设施共建共享水平，缓解运营商选址难问题，从而节省运营商资本开支。投资与运维分离的基础设施建设模式可为前期车路协同提供快速推进智能化设备建设经验，减轻车路协同运营商成本压力。

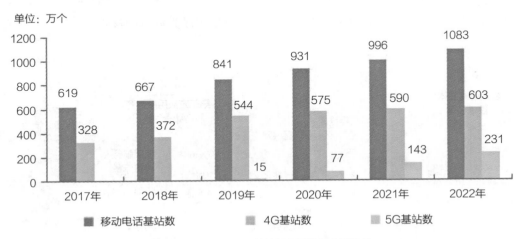

图9-4　2017~2022年移动电话基站发展情况

（资料来源：工业和信息化部，中国电动汽车百人会智能网联研究院整理）

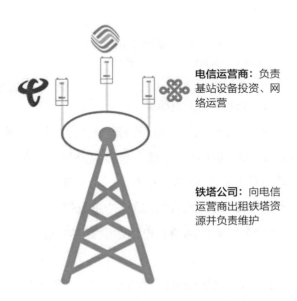

图9-5　铁塔公司与三大运营商关系图

（资料来源：公开资料，中国电动汽车百人会智能网联研究院整理）

## 2．大规模移动用户基础及成熟的商业模式

电信运营商已形成规模庞大的移动用户。2022年，全国电话用户净增3933万户，总数达到18.63亿户。其中，移动电话用户总数16.83亿户，全年净增4062万户，普及率为119.2部/百人，比上年末提高2.9部/百人。其中，5G移动电话用户达到5.61亿户，占移动电话用户的33.3%，比上年末提高11.7个百分点。大规模用户背后需要电信运营商的持续运营作为支撑。4G时代电信运营商通信基础设施的超前建设，推动了移动互联网产业（扫码支付、共享单车、网约车、电商、移动搜索、短视频、直播等）的快速发展，奠定了我国移动互联网产业发展的基础。未来电信运营商的大规模移动用户可以便捷地移植到车路协同用户，迅速形成用户规模，降低获客成本。

运营商积极布局5G，实现用户运营多元化。4G时代受降费提速、政府监管和市场激励竞争影响，运营商总营收均出现下滑趋势。为实现营收持续增长，近年来运营商加大了5G的投入，通过提升ARPU（单用户单月平均消费额）推动营收增长，此外，运营商还加大了内容运营的力度，重点发力超高清内容、VR、AR、游戏等领域，逐步开启合作、购买、自制等模式的内容布局策略。随着5G建设的推进，以工业、交通、物流、医疗、能源为代表的政企应用领域将为运营商带来巨大想象空间。中国移动面向垂直行业客户推出了5G智慧工厂、智慧电力、智慧钢铁、智慧港口、智慧矿山等15个重点细分行业解决方案。中国联通面向政企市场则聚焦工业互联网、智慧城市、健康医疗等领域。中国电信亦借助自身在IDC、行业云解决方案等技术积极开拓政企客户。

以流量收费为主的数据增值业务成为电信运营商的营收主力。移动互联网给电信运营商带来了巨大的发展机遇，数据增值业务（流量）迅速成为电信运营商最大的收入来源，收入占比达到40%以上。由于部分功能被移动互联网替代，传统语音通话、短信等电信业务逐步萎缩，5G推动高清视频、直播、AR/VR、云游戏等有望助力数据增值业务实现新高速增长。数据增值业务以流量付费方式为主，在移动互联网时代可灵活根据用户上网情况实现收费。现有流量收费的成熟模式可直接为车路协同运营提供借鉴，帮助运营公司尽快形成营收。

产业互联网为电信运营商创造多元化盈利增长点。4G时代移动互联网技术发展迅速，并带来了流量的急速增长，但电信运营商缺乏内容抓手及热门应用，更多地扮演管道商的角色，依靠"管道+流量"费用模式创收。2019年以来，随着移动用户增长见顶，数据增值业务增速放缓，电信运营商角逐以政企客户为主的产业互联网领域，以寻找新的业务增长点。据中国信息通信研究院统计，2021年，我国数字经济规

模达到45.5万亿元，较"十三五"初期扩张了1倍多，同比名义增长16.2%，占GDP比重达39.8%，较"十三五"初期提升了9.6个百分点。面对数字经济巨大的市场潜力，电信运营商已行动，中国移动、中国电信、中国联通产业互联网业务增速亮眼，已成为运营商主要收入来源之一。电信运营商已有的产业化联网业务有助于为车路协同运营提供商业客户案例，助力车路协同运营实现多元化业务。

### 9.3.2　电信运营商探索开展车联网服务

三大电信运营商已积累成熟的车联网应用服务，逐步进军车路协同运营业务。中国电信是国内最早进入车联网服务运营的运营商，虽然在3G时代由于网络优势不足导致竞争力一度落后，但在5G时代凭借物联网基础，在新能源汽车车联网服务方面已经与多家车企合作，在40多款车型中推出车联网服务。2021年11月17日，中国电信、苏州市有关国资平台和中智行科技有限公司联合组建天翼交通科技有限公司，进行车路协同技术研发及服务运营探索，如图9-6所示。

中国联通借助3G网络优势、标准先发优势，迅速成为国内市场占比最大的车联网服务运营商。目前中国联通车联网合作车企已经达到55家，占据国内约70%的车联网市场份额，如图9-7所示。中国移动由于3G时代网络制式不足，尚未形成规模化车联网服务，凭借4G时代网络优势，迅速获得国内外车企车联网服务订单。进入5G时代，中国移动凭借标准、基站数量优势，已建成全国最大的5G通信网络，未来有望引领国内车联网服务市场，如图9-8所示。

- 在上海市成立**车联网基地**，与上海汽车商用车有限公司合作，在全球首发"InteCare"行翼通解决方案，在**校车**得到应用。
- 11月，"行翼通"车载信息业务产品和服务上线。由于网络优势不足，乘用车竞争力不足，主要应用在**校车、大巴**等商用车。

- 2月，成立**天翼物联科技有限公司**，整合南京市、上海市车联网基地，进军新能源汽车，提供**安全监控平台、整车电池分析、动力分析**等数据分析服务。
- 与大众、东风日产、广汽本田、吉利、比亚迪、海马等新能源企业开展车联网合作，涉及**40多款车型**。

2009　　　　2013　　　　　　2019

2012　　　　　　　　　　　　　　（年）

- 与**广汽**合作并提供通话、远程救援、紧急通知、被盗报警等服务
- 与**通用**合作，推出基于CDMA网络的"OnStar"服务，覆盖**凯迪拉克、别克、雪佛兰**等品牌。

- 在南京市、上海市成立**交通行业信息化研究基地**，负责前装、后装车联网，推出"行翼通""管油宝""驾车宝典""智能120"等产品。

图9-6　中国电信车联网发展历史

（资料来源：公开资料，中国电动汽车百人会智能网联研究院整理）

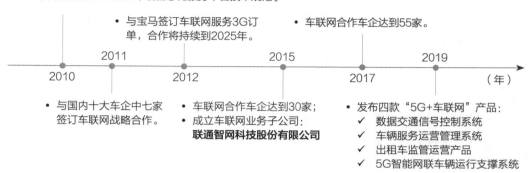

图9-7　中国联通车联网发展历史

（资料来源：公开资料，中国电动汽车百人会智能网联研究院整理）

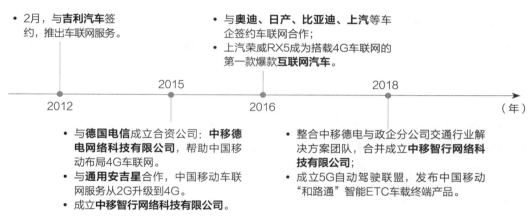

图9-8　中国移动车联网发展历史

（资料来源：公开资料，中国电动汽车百人会智能网联研究院整理）

　　电信运营商借助已有的车联网服务经验，在标准体系方面，可为车路协同通信标准和产品标准提供借鉴；在车企合作方面，已有的合作车企有利于继续深化到车路协同领域；在用户需求方面，电信运营商了解用户需求和痛点，有助于开发出有价值的车路协同应用。

## 9.3.3　探索电信运营商作为运营主体

　　车路协同实现持续稳定服务的核心是运营。基础设施类服务在建设完成后，要实现持续的服务，需要明确的运营主体负责日常运维。例如高速公路运营公司负责通信监控、收费及设备升级维护等，城市供水、供气管理公司负责管道维护、升级改造等，电信运营商负责网络维护、用户获取、服务提供和收费等。车路协同旨在向G端用户提供交通管理、城市管理等大数据分析服务，向B端用户提供车队管理、网络接入及大数据分析等服务，向C端用户提供有人驾驶车辆的交通信息服务以及无人驾驶车辆的协同感知、规划、决策等服务，上述服务的提供需要一个持续稳定的车路协同运营主体完成。

现阶段车路协同运营主体缺乏基础设施建设运维及成熟的商业模式实践经验。国内车路协同试点示范过程中都选择由原有或新设地方国有企业承担运营，保证了前期智能基础设施的建设和数据安全。但车路协同运营涉及道路智能基础设施设计、建设、网络维护，以及G端、B端、C端用户需求对接及应用开发，需要运营主体具备成熟专业的经验作支撑。而地方国有企业缺乏成熟的基础设施建设运维，以及在业务拓展、收费模式等方面的商业化经验，无法长期高效地支撑车路协同发展。

鼓励电信运营商参与车路协同运营。电信运营商通过和铁塔公司合作，实现基础设施投资运维分离，迅速建立了覆盖全国的通信基础设施。据统计，2020年全国建制村4G网络覆盖率超过98%，为LTE-V2X网络提供基础网络支撑。根据2021年工业和信息化部发布的《"十四五"信息通信行业发展规划》，2025年我国将建成全球规模最大的5G独立组网网络，实现城市和乡镇全面覆盖，建制村覆盖达到80%，重点应用场景深度覆盖，可以有效支撑5G-V2X的应用落地。此外，在车路协同落地早期，通过智能手机作为接入终端，电信运营商的大规模移动用户可便捷地移植到车路协同网络，亦可完美借鉴现有以流量及市场订阅制的收费模式，大大加快车路协同的落地速度。

## 9.4　商业运行模式分析

### 9.4.1　面向G端的商业模式

面向G端的商业模式初见成效。依托"车城网"平台，为交通管理、城市管理提供服务，例如面向交管部门可以提供道路违法信息，如闯红灯、逆行、违法停车等信息；面向交通部门可以提供公交车、渣土车、环卫车、危险品运输车等重点车辆管理信息；在城市管理方面，可提供市政设施监测、隧道积水预警、道路施工提示等信息。政府部门向运营公司购买平台服务可实现商业闭环。

### 9.4.2　面向B端的商业模式

面向B端的商业模式可盘活产业生态。基于第一阶段To G端服务的积累，随着路侧设施覆盖率逐步提升，通过4G和5G公网等多终端接入可实现车辆接入量提升，形成一定规模的应用生态，进一步吸引车企进行OBU前装量产。在接入大规模汽车数据、路侧设施感知数据后，基于大数据分析的保险理赔、金融服务成为可能，可拓展面向B端行业客户带有支付能力的服务，推动金融机构积极参与到费用结算环节，形成商业闭环。

### 9.4.3　面向C端的商业模式

面向C端用户提供自动驾驶服务。随着智能化基础设施和新型网络设备基本建成，可为智能网联汽车提供感知、定位、规划、决策服务，弥补单车智能尚未解决的长尾场景，以"单车智能+网联赋能"的方式实现自动驾驶。面向C端消费者，可根据用户使用的流量以及时长进行收费，从而实现商业闭环。

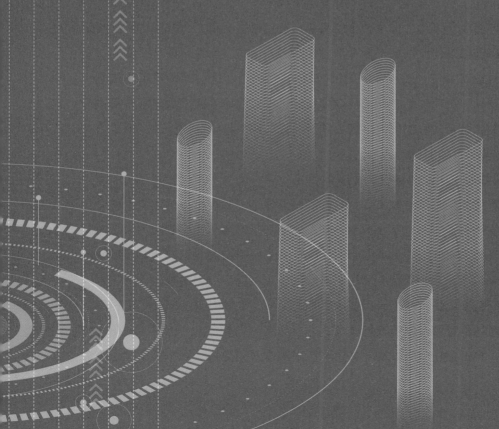

# 3
## 实践篇

# 第**10**章

第 10 章

## 广州实践案例

## 10.1 组织模式

**1.调研编制印发方案,优化机制合力落实**

为充分发挥广州汽车产业优势和先期试点经验,整合关联行业资源以促进跨行业协同工作开展,广州市深入调研基础设施和汽车产业优势区,编制印发了《智慧城市基础设施与智能网联汽车协同发展试点工作方案》。选取海珠区琶洲核心区、黄埔区"双城双岛"(科学城、知识城、生物岛、长洲岛)、番禺区广汽智能网联新能源产业园等区域为试点任务落实载体,积极推进智能化基础设施、新型网络设施和"车城网"平台建设,推动车城融合应用建设和智慧停车探索。

利用现有的广州市新城建工作联席会议机制,统筹推进全市"双智"协同发展工作,形成由市住房和城乡建设局、工业和信息化局牵头,市发展改革委、公安局、交通运输局等部门配合,海珠、黄埔、番禺3区具体实施的市、区协同共建工作机制。市住房和城乡建设局、工业和信息化局从政策指导、任务明确及要素保障等方面进行统筹协调;各相关区结合实际加快推进配套项目建设,同时畅通交流渠道,形成市、区合力推进试点建设的良好局面。

**2.试点融合赋能应用,创新模式共建共享**

广州市作为首批新城建试点城市和"双智"试点城市,积极推动试点探索融合,加快落实"协同发展智慧城市与智能网联汽车"相关配套项目,协同落实"建设5G+车联网先导应用环境构建及场景试验验证项目",基于广州市城市信息模型(CIM)基础平台建设成果拓展"CIM+"相关应用,有效助推车城融合应用场景建设。2021年7月,广州市城市信息模型(CIM)基础平台正式发布,广州市深入探索"车城网"平台与CIM平台的联合应用,推动智慧城市动态和静态信息整合,为市民便利化出行提供服务。同时,积极推动"车城网"平台与广州城市交通大脑、停车信息综合服务平台、公共交通智慧云脑平台对接，打造智慧出行服务闭环，提高交通出行智慧化治理和服务水平。

广州市创新探索政府主导、多方共建的新模式，充分发挥国有企业实力和私有企业活力，利用财政资金杠杆撬动社会资金投入，改变传统的财政资金投入方式，创新市属国有企业自筹资金投资建设新模式。

## 10.2　建设内容及进展

### 1．建设智能化基础设施

一是黄埔区在科学城、知识城、生物岛等区域范围内，完成133km城市开放道路和102个路口的智能化改造，规模化部署1318个AI感知设备、89个V2X路侧通信单元，投放4支无人服务车队，建设178座智能候车亭（含在建的63座）。

二是海珠区中国进出口商品交易会（广交会）展馆周边完成11个路口的智能化改造，部署11套路侧设备、1套全息感知设备以及50余套液位、井盖位移、环境监测系统传感器等基础设施，实现部分琶洲道路及周边安全隐患点的实时监测。

三是广州信息投资有限公司立项建设智慧灯杆8235根（含在建的6027根），项目总投资规模近6亿元，并组织研发智慧灯杆一体式直流充电桩产品。

### 2．建设新型网络设施

积极引导广州移动等三大运营商重点布局5G网络。一是海珠区琶洲区域采用集成路侧单元设备和物联网基站的一体化路侧设备，完成11个路口的智能化改造，形成C-V2X和物联网等多种模式构成的"车城网"网络覆盖。二是番禺区拉动相关新基建、设施及相关产业的投资建设，规划建设5G宏站3个，微站10个，涉及高精度定位站1个，高精地图约25km。

### 3．建设"车城网"平台

（1）搭建车城融合平台，实现互联感知应用

海珠区琶洲片区完成边缘云平台和中心云平台的初步部署，完成项目范围内全部高精地图采集、制作、部署。实现第一阶段路侧设备及车辆接入，实现市交通运输局停车管理平台数据对接，接入琶洲全域51个停车场实时数据，获取空余泊位信息，并用于支撑下阶段琶洲区域路侧引导及车位信息车路协同实时发布功能。

（2）推进跨部门协同，支撑场景联合应用

协调市公安局实现交管信控平台数据初步对接，接入琶洲区域信控灯态信息，正

在优化实时信控数据接出方案，以支撑信号灯信息上车、绿波车速引导等智能应用。与市公交集团对接，获得琶洲地区自动驾驶微公交开行计划信息，开展B7线路27辆公交车智能化改造，通过加装车载OBU及配套显示硬件实现智能公交车辆初步应用。

4．开展"车城网"示范应用

（1）智慧公交

黄埔区打造"全球首个服务多元出行的自动驾驶MaaS平台"，开放无人驾驶出租车、公交车、小巴、巡检车、新物种5种自动驾驶车型。截至2022年11月，已开通4条自动驾驶公交环线，建设300多个接驳站点，周均接驳达7200人次；另外开通5条自动驾驶公交车接驳线路，累计在写字楼、住宅、商圈、地铁口、公园等不同服务场景布局276个站点。琶洲开展27辆公交车的智能化改造，通过加装车载OBU及配套显示硬件，对区域内公交车辆进行智能化和网联化升级，提升乘客出行体验。南沙区探索优化公共交通接驳，建设了智能公交运营管理指挥中心（雨洪公交总站）、华南区第一条智能网联L4级自动驾驶公交示范线（横沥地铁站—灵山岛环线）和一条L3级智慧公交示范线（蕉门—横沥地铁站）。

（2）自动驾驶出租车

南沙区依托小马智行，全面投入智能网联汽车、自动驾驶出租车进行区内出行服务，目前投放车辆约60台，充分支持区域内居民出行需求。黄埔区依托自动驾驶MaaS平台开展无人驾驶出租车应用，目前已投放车辆超过100台，累计完成30.7万个订单、为超过18万名乘客提供无人驾驶出行服务。

（3）智慧停车

为解决城市"停车难"问题，广州市积极探索智慧化停车服务、自动导引停车（AGV）、自主代客泊车（AVP）等多种智慧停车实践。一是市交通运输局牵头推进智慧停车领域建设和应用。推动中心城区路内停车场项目开发和相关智慧化设施建设，基于高位视频人工智能图像识别、大数据分析等技术，有机整合停车业务链条，建成并投入使用109条路段、约2800个泊位的高位视频，实现路内停车泊位信息发布、自动计费、无感支付等智能化管理。建成停车场行业管理系统并接入"穗好办"平台，依托"广州泊车"小程序对外提供停车信息综合服务，实现停车行业管理、信息查询和停车诱导等多位一体的停车信息综合服务功能。目前，"广州泊车"小程序用户量已达100万，接入近3100家经营性停车场、约145万个泊位的实时动态信息，提供网络预约停车服务的停车场超170家、约1.5万个泊位。二是大力支持广州达泊智能科技有限公司（以下简称达泊智能）等企业开展自动导引停车（AGV）项目落地，依托智能停车机器人实现停车自动化和车位倍增。目前广州大夫山森林公园、奥体中心、创新公园3个项目已落地，共提供1500余个自动导引停车位。三是大力支持百度公司、达泊智能等企业开展自主代客泊车（AVP）探索实践。目前两个试验项目在建：百度在琶洲保利世贸等部分楼宇部署感知设备，探索基于视觉记忆定位技术的自主代客泊车应用场景建设；四川中电昆辰科技有限公司在南沙锦珠广场开展基于UWB高精度定位的自主代客泊车应用场景探索。

（4）道路智能监测

琶洲项目部署50余套液位、井盖位移、环境监测系统传感器等智能化基础设施，实现琶洲重点道路安全隐患点和周边环境的实时监测和预警，并在一体化综合展示系统中展示相关信息，为城市交通、应急、城市综合管理提供基础数据。黄埔区为进一步保障交通出行安全，计划安装积水传感器、雨量传感器、水位监测传感器、围栏感知、颗粒物感知、井盖传感器共计4600个，目前正处于详细方案设计阶段。

（5）交通治理

黄埔区基于新基建数字底座，在全国率先规模化部署自动驾驶巡检车，实现对机动车违停、非机动车违法23种事件的智能化识别，目前已累计自动驾驶巡检38.2万km，识别各类交通/市政类事件超40.4万起；利用车路协同感知的实时数据，在科学城、知识城的项目范围内建设自适应路口数量占比达81%，车均延误降低20%，绿灯空放浪费下降约21%，有轨电车1号线路段实现了信号智能优先，每趟次行程节省时间约28%。

（6）城市管理

黄埔区基于新基建数字底座，实现对泥头车超速、逆行及驾驶员闭眼、抽烟、玩手机等危险驾驶行为与违法事件的实时感知和处置，弥补查处盲点，形成闭环管理。截至2022年11月中旬，在500多台重点车辆部署了智能设备。

5．探索完善政策法规和标准体系

（1）健全政策体系，营造良好环境

制定《广州5G政务专网试点技术方案》，印发《关于逐步分区域先行先试不同混行环境下智能网联汽车（自动驾驶）应用示范运营政策的意见》，为车城融合探索强化政策支撑。制定智能网联汽车（自动驾驶）应用示范运营政策和工作方案，在国内首次创新性地推出智能网联汽车示范运营政策，制定一系列配套政策，形成"1+1+N"的政策体系，营造鼓励创新、宽容失误、审慎问责的政策环境和产业氛围。

（2）优化事权下放，提升路测水平

创新三级测试道路标准及远程测试等多类别测试方式，成为首个认可其他城市智能网联汽车路测许可的城市，率先推出"测试先行区"的工作方案，批准黄埔区、南沙区、花都区开展先行试点区建设。

（3）升级完善标准，助力体系建设

建立完善相关技术标准体系，引导和规范车路协同基础设施建设。规划制订20个相关标准，并计划将其中部分领域标准申请升级为行业标准，其中《车联网先导区建设总体技术规范》T/GDSAE 00001—2022等两个标准已发布；《基于智慧灯杆的道路车辆数据接口技术规范》已通过相关评审，拟作为推荐性广州市地方标准予以发布；《智能网联汽车LTE-V2X系统性能要求及测试规范》等16个标准已形成草案；《基于CIM的"车城网"建设、运营和评价标准》等两个标准正在编制。

6. 探索车城融合相关产业发展

（1）鼓励多主体参与建设和运营

采取"政府主导应用需求、国企统筹建设应用、行业龙头共同参与"的模式，加强现有各线条城市基础设施整合，实现既有数据平台和城市基础设施利旧，减少重复投资，降低建设成本，打造全国首创的新城建基础设施建设模式。

（2）推动车城融合产业发展

琶洲"车城网"项目建设以开放的技术架构与技术平台作为支撑，引入高新兴科技集团股份有限公司（以下简称高新兴）、奥格科技股份有限公司、广州文远知行科技有限公司（以下简称文远知行）等广州当地高新技术企业，整合其技术产品，共同构建开放合作的产业生态，加速相关产业在广州市集聚，吸引深圳安途智行科技有限公司（以下简称AutoX）等"独角兽"企业落户广州市。黄埔区大力支持智能网联汽车产业上下游企业协同创新和核心技术攻关，推动广州珍宝巴士有限公司、高新兴等行业企业积极开展智能网联汽车应用，已初步形成各类市场主体互融共生、分工合作、利益共享的新型智能网联产业生态。

第**11**章

# 武汉实践案例

## 11.1 组织模式

武汉市是我国六大汽车产业集群发展城市之一，汽车产业规模居中部第一，汽车产业连续13年成为第一大支柱产业，汽车行业总产值占到全市工业总产值的1/5。2022年，全市汽车及零部件产业总产值3497亿元，产量139万辆，产量居全国第6位。面对汽车轻量化、电动化、智能化、网联化发展趋势，作为全国第六个智能网联汽车测试示范区，为加快促进武汉市汽车产业转型升级，打造万亿级汽车产业集群，2016年11月，工业和信息化部与湖北省人民政府签署"基于宽带移动互联网的智能汽车与智慧交通应用示范"合作协议，明确在武汉经济技术开发区（以下简称经开区）建设智能汽车与智慧交通应用示范区。2017年，市政府批准武汉市经开区建设武汉智能网联汽车测试示范区。2018年7月，市政府成立武汉新能源与智能网联汽车基地建设领导小组，统筹各项建设工作。

## 11.2 建设内容及进展

### 1. 打造智能网联汽车"开放+封闭+仿真"三位一体的测试体系

（1）打造基于车路协同的自动驾驶开放测试道路体系。截至2023年2月，已累计开放自动驾驶测试道路750km，全面覆盖5G信号、北斗高精度定位系统、路侧感知设备和车路协同系统，具备L4及以上等级自动驾驶测试运行条件。武汉新能源与智能网联汽车基地累计发放400张道路测试和示范应用牌照，其中道路测试牌照261张，示范应用（载人）牌照139张，累计测试里程超过200万km。

（2）加快建成智能网联汽车封闭测试场。项目用地面积1312亩，面向智能网联汽车法规测试和产品研发测试，涵盖130余种测试场景，融合驾驶模拟实验室、极端环境模拟测试、整车仿真实验室等系列实验室，主要用于智能网联汽车研发、检测、认证等服务，同步建设一条国际F2级赛道，建成后将成为世界唯一的T5级测试场与F2级赛道相结合的封闭测试场，目前已基本建成。

（3）搭建仿真测试平台。提供开放的自动驾驶汽车开发平台服务，可支持车采数据清洗、数据标注、模型训练及算力支撑、仿真场景库建设、交通流仿真、测试评价等工作，实现从数据采集到应用全流程技术能力积累，为车企在仿真环境下进行安全、高效的智能汽车试验提供一站式开发工具链服务。

**2．打造车城融合的城市智能底座平台**

采用统一的城市操作系统平台，以统一架构整合所有应用系统和模块，汇聚示范区道路、车辆、城市建筑等实时数据信息，融合车路协同和交管系统的数据，支撑全域智能应用数据共享，建立融合感知城市信息模型和数字孪生城市的可视化运营平台，城市信息模型融合实时交通和其他泛在感知信息，数字孪生与城市所有智能基础设施和感知设备保持同步，实现车城融合、共享数据、协同工作，为智能交通、智慧城市创新应用提供支撑。

**3．建设多通信模式的车联网通信方案**

示范区的网络建设采用"宏站+微站"相结合的方式，共建设172个宏站，同时根据覆盖范围及信号强度有针对性地布设微站，实现整个示范区范围的5G独立通信网络。

**4．实现规模化的智能网联汽车应用**

（1）东风悦享科技有限公司（以下简称东风悦享）在武汉市经开区军山新城地区投放一批L4级自主研发无人驾驶小巴（约30台）进行全天候、全时段的短途接驳运营，推动测试示范升级为常态化商业运营。该项目于2021年12月率先在经开区军山新城—春笋园区展开智能网联汽车的示范应用，后续逐渐推广至整个经开区，形成串联五区的立体智慧交通体系。项目打通开发区道路交通最后3km难题，实现区内重点园区、社区、公园等生活、工作场景无缝化连接，便利居民生活。计划2023年底，可实现经开区高端智造产业区整体规划，打造无人驾驶全场景样板。预计项目全生命周期可产生较大规模的社会效益，并带动产业链上下游超数十亿元的经济效益。

（2）百度旗下自动驾驶出行服务平台"萝卜快跑"在武汉市全无人车队已超过100辆，运营道路超750km，从武汉市经开区到汉阳区，覆盖武汉市530km$^2$区域，能为运营区域内近150万人提供全无人自动驾驶出行服务。

5.探索智能网联相关法律法规、技术标准

以武汉市新能源和智能网联汽车基地建设及运营为基础,联合刘经南院士工作站,在高精地图与高精度定位等方面开展标准研究讨论,编写了6项标准:国家标准《室内空间基础要素通用地图符号》;行业标准《道路高精度电子导航地图生产技术规范》;行业标准《道路高精度电子导航地图数据规范》;行业标准《自动驾驶卫星差分与惯导组合定位技术规程》;地方标准《自动驾驶高精度地图特征定位数据技术规范》;地方标准《智能网联道路建设规范(总则)》。

6.积极培育智能网联汽车创新和产业生态

武汉新能源与智能汽车会展中心联合4位院士和10多位国内外行业专家,建立1个院士工作站和23家联合创新实验室,开展关键技术攻关,并在智能网联汽车产业发展战略方面提供指导,形成"研发—测试—应用"迭代更新的建设模式,建立从实验室到示范应用和商业运营的快速通道,助力经开区产业转型和创新发展。

以领先的测试体系和创新平台为依托,出台了智能网联汽车专项支持政策,加快引进芯片算法及设计、自动驾驶解决方案、语音交互、智能座舱培育智能网联汽车全产业链产业生态。目前,已集聚相关企业约50家,包括岚图汽车、武汉路特斯科技有限公司、小鹏汽车等电动智能汽车整车企业,智新半导体有限公司、湖北芯擎科技有限公司、浙江海康智联科技有限公司、图达通智能科技(苏州)有限公司(以下简称图达通)、湖北亿咖通科技有限公司等核心零部件企业,华砺智行(武汉)科技有限公司、Auto X、智行者、文远知行、驭势科技(北京)有限公司、深圳元戎启行科技有限公司等自动驾驶解决方案企业,东风自动驾驶领航项目、东风悦享等出行服务项目和企业,初步构建形成产业集聚态势。

## 11.3　应用成效

1.试点建设成果

双智试点发展经过前期积累和创新,取得以下显著成果:

第一,试点建设与国家战略保持一致,坚持车路协同的发展方向。在智能网联应用领域率先实现智能网联公交常态化运营、社会车辆车路协同信息服务、车路协同系统与交通管理系统集成。

第二,试点规划率先提出智能网联汽车与智慧城市协同发展的理念,武汉经开区"车城网"建设成果代表武汉市亮相2021年数字中国展,武汉市成为住房和城乡建设部、工业和信息化部全国首批"双智"试点城市。

第三，坚持开放标准，发展智能网联应用，武汉市（武汉经开区）成为中国信息通信研究院2021年车联网C-V2X互联互通暨大规模先导应用活动城市。

第四，制定武汉市智能网联道路建设标准，并参与多项相关行业和国家标准的制定。

第五，由智能汽车与智慧城市协同发展联盟企业共同参与的"开源共建、开放创新、融合发展"试点建设模式卓有成效，成为外界关注的一大亮点。

2．武汉市经开区试点建设逐渐形成一个注重技术、聚焦应用的可持续发展体系

试点建设积极推动了经开区智能网联产业的集聚：

第一，智能网联产业资源整合与导入方面。在创新中心支持下，在武汉开发区成立了由190余家行业领军企业组成的"智能汽车与智慧城市协同发展联盟"。截至目前，包括北京万集科技股份有限公司、南京楚航科技有限公司、图达通、东风悦享、智行者华中总部、小鹏汽车等大批企业已经或正在入户经开区。这些企业的招商引入，离不开示范区智能网联相关建设与联盟形成的生态效应。

第二，研发创新体系方面。创新中心联合4位院士和10多位国内外行业专家，领头建立1个院士工作站和23家联合创新实验室，开展智能网联相关的课题研究，技术攻关，标准制定等工作，为智能网联产业发展提供支持与指导。

第三，基于商业运营的应用方面。目前投入运营的主体包括武汉市公交集团、百度汽车互联网服务、龙灵山公园、江汉大学、东风自动驾驶领航项目等。263台智能网联公交车、5台ADAS公交车、10000辆社会车辆、41台各类型自动驾驶汽车以及51台Robotaxi正在示范区范围内投入运营。

3．车城融合发展的三大体系提供明确的建设路径

试点建设初步建成了以"车路协同"为主要特色的车城融合发展新体系，具体包括：

第一，开放的车路协同体系，包括标准化的智能基础设施和统一的"车城网"平台。

第二，基于联合创新实验室群的科研体系，研究成果支持智能化创新、形成标准、申报国家课题。

第三，支撑商业运营的应用体系，包括全域公交智能化、全域停车信息服务与AVP应用、10000辆社会网联车参与车路协同、无人驾驶末端物流运营、基于数字孪生的城市规划应用等。

在车城融合发展新体系支撑下，武汉示范区形成了以下创新和亮点：

（1）实现车路协同与城市交通运营的融合；

（2）实现车路协同与公共交通的融合；

（3）实现车路协同与自动驾驶汽车的融合；

（4）实现车路协同与网联汽车的融合；

（5）实现车联网与5G通信网和交通感知网的融合；

（6）实现新型感知技术在车路协同中的应用；

（7）形成智能网联基础设施的建设标准和评测体系；

（8）实现路网交通动态模型与城市信息模型的融合。

# 第12章

# 重庆实践案例

## 12.1 组织模式

### 1. 项目实施组织管理

重庆市在推动"重庆市城市提升行动计划"、两江四岸核心区物联网一体化建设项目、西部（重庆）科学城核心区智慧交通体系建设三年实施方案等重点项目过程中，形成了以市长为最高领导、专项工作组与专家咨询结合的共商共建、责任落实的工作机制，对快速促成"双智"建设工作机制奠定了良好的沟通与合作基础。

城市提升领导小组设置在重庆市住房和城乡建设委，依托市重点项目，已形成"领导小组+专项工作小组（20个）+牵头单位（各委办局）"的工作组织机制，有助于"双智"试点工作机制的快速形成。因此，重庆市将在城市提升领导小组的工作部署下，发挥城市提升领导小组办公室统筹作用，进一步建立多部门协同联动合作机制，整体谋划、系统推进重庆市智慧城市基础设施与智能网联汽车协同各项工作，协调解决产业落地、协同建设等重大问题，推动重庆市智慧城市基础设施与智能网联汽车协同示范的扎实落地。

### 2. 投资、建设与运营模式

坚持政府主导、社会参与、市场化运作。项目建设由政府主导推进，协调社会各方优势力量共同参与，同时建立市场化、专业化运作机制，引入企业运营管理模式。

（1）政府主导、社会参与的投资建设模式

"双智"试点项目是关系民生的准公益性项目和公益性项目，需要政府主导投资建设，在政府主导的同时积极引入社会资本，利用社会资源借力发展，让项目各参建方实现共建互赢。

（2）市场化运作、专业化管理的运营保障模式

"双智"试点项目属于综合性较强、投资较大、运营维护复杂的车城融合项目，该项目以市场化运作方式组建专业化运营公司来负责项目后期运营管理。

### 3．项目推进与实施计划

为推动"双智"试点的稳步推进和有序实施，将严格遵从规划设计、建设、运营整体思维，做实各环节内容，保障硬件系统、典型示范应用场景以及城市操作系统等全盘考虑与规划布局。主体实施路径如图12-1所示。

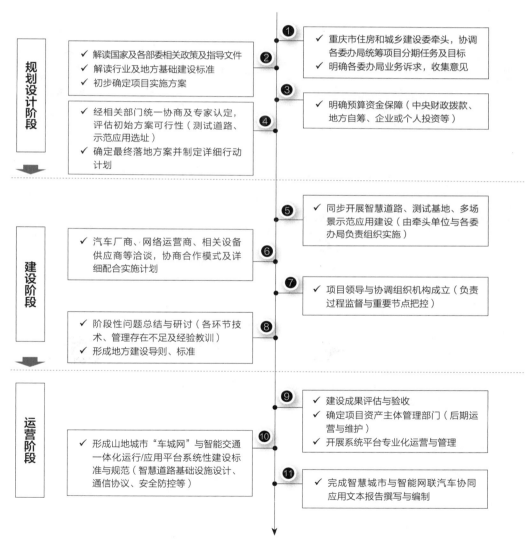

图12-1　主体实施路径图

（资料来源：中国电动汽车百人会智能网联研究院整理）

## 12.2　建设内容及进展

### 1. 智慧城市运行管理中心建设

与"双智"试点密切相关的智慧城市建设，重庆市早在2019年就开始筹建新型智慧城市运行管理中心（图12-2），截至目前，中心共接入21个部门、43 个系统，形成了"三中心一平台"的服务架构，目标实现以"一键、一屏、一网"来统筹管理城市运行，2022年建成全国大数据智能化应用示范城市。

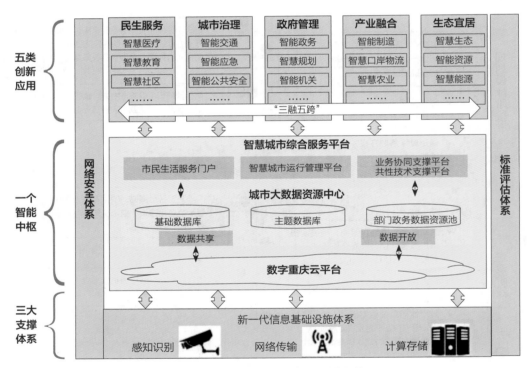

**图12-2　智慧城市运行管理中心系统架构**

（资料来源：中国电动汽车百人会智能网联研究院整理）

在整个过程中，重庆市积累的多部门协作方式、数据整合利用方法，以及数据标准化开放管理办法、功能系统构建等方面的工作均为"双智"试点建设奠定了良好的基础。

### 2. CIM平台建设

2019 年重庆市住房和城乡建设委员会组织开展了两江四岸核心区 CIM 平台的搭建（图12-3）。其中，已搭建核心区16km²空间地理与基础数据信息；已开展数字高程模型、地形三维模型、实景三维模型、地理信息数据构建；已完成地上地下大量城市基础设施数据在平台中的集成与融合，目前数据总量达5TB；已完成4项CIM平台和城市基础设施相关配套规范标准编制工作。

图12-3　重庆市CIM平台主界面

（资料来源：中国电动汽车百人会智能网联研究院整理）

重庆市现有 CIM 平台具备跨江桥信息管理、桥梁结构数字化、智慧建造管理、隧道数字孪生等功能模块，但需要建设感知设备并接入多元动态感知数据，以开展更多元化的业务支撑与应用。该系统平台的建设也为"双智"试点探索与 CIM 的结合，以及基础设施数字化、空间化管理、示范场景构建等提供了良好的底座支撑。

3．5G通信设施与北斗定位基站建设

截至2022年7月，重庆市已建成5G基站7.3万个，迈入与北上广深同等规模的5G第一方阵。规划到2025年，在全市范围内建成15万个5G基站，建成超高速、大容量、智能化、泛在感知的万物智联通信基础设施，实现"规划一张图、建设一盘棋、发展一体化"。

重庆市也向社会提供基于"北斗三号"的连续空间基准与导航定位服务，为满足典型场景示范的高精度定位要求打下了良好的基础。

4．智能网联汽车测试基地

重庆市拥有中国汽车工程研究院股份有限公司（以下简称中汽院）和招商局检测车辆技术研究院有限公司（以下简称招商车研）两家国家级汽车行业质量检测机构，

中汽院已牵头建成重庆市与工业和信息化部共建的智能网联汽车示范区，发布了国内首个智能网联汽车评价体系框架。招商车研已建成交通运输部认定的自动驾驶封闭场地测试基地，是全国首批获此资质的三家单位之一，依托该封闭测试基地先后发放42张自动驾驶测试牌照，同时，招商车研还建设了西部唯一的国家智能网联汽车质量检验检测中心。此外，2020年重庆市两江新区车联网先导区正式获批，已经建成部分路侧基础设施和V2X应用场景，投放了30余辆L3级以上的自动驾驶汽车。除了积累的技术和先进经验以外，已经建设或规划建设的网联智慧化基础设施能够为未来"双智"建设节约大量的投资。

5. 智能网联汽车场景应用

近五年来，重庆市已相继落地不少于5处且具有一定规模的封闭或开放道路环境下自动驾驶汽车测试类项目，包括重庆金凤国家质检基地机动车强检试验场（2016年投入运行）、重庆两江新区礼嘉无人驾驶测试场（2019年投建）、重庆永川自动驾驶测试基地（2020年9月投建）等；2020年9月建成首个石渝高速涪丰段车路协同项目。在场地建设、综合感知设备测试、C-V2X技术测试、不同厂商产品对标测试、系统集成测试、法规认证测试、人才团队建设等方面奠定了坚实的基础。

## 12.3　应用成效

逐步建设完善法律法规及标准体系，提供法规支撑；成立组织专班，保障试点建设有序进行；构建完整的产业孵化与生态系统，推动车城融合逐步向产业化、规模化发展；通过人才培育、创新平台建设，探索智慧城市基础设施与智能网联汽车协同发展的应用专项方案；强化资金保障，为试点建设提供强有力的支撑。最终，推动重庆市车路协同产业向更加可落地、可移植、可持续方向发展。

1. 标准体系建设

一是车路协同标准体系的建设对车路协同应用示范及大范围实施具有重要指导意义。在三江口区域先行先试，探索建立感知、通信、计算、个人信息、安全体系等互相协调统一的法规体系，推进重庆市出台相关政策条例。

二是建设车路协同地方标准，推动车路协同示范区建设。在重庆市开展智慧道路与车路协同示范区建设的同时，结合重庆市各有关部门及当地相关企业共同探讨重庆市车路协同标准体系建设。

三是示范区建设有序推进，促进国家标准体系建设。通过示范区典型场景的应用及地方相关标准的建设，积极推动住房和城乡建设部、工业和信息化部、公安部、交通运输部等部门在国家层面建立车路协同标准体系。

2．产业生态建设

一是以重庆市新城建试点示范区建设为抓手，建成车路协同综合应用示范。建设重庆市示范区智能路网基础设施；开展智慧道路和车路协同的示范应用；示范运营或量产应用商用车队列自动驾驶技术；打造智能网联汽车试验场。合资公司通过注入中国航天科工集团有限公司（以下简称航天科工）技术、人才、资金等资源能力，结合新基建投资机遇快速占领市场。以重庆市车路协同示范区为模板，总结行业共性关键技术，并在全国范围内进行推广，着力打造成为国内车路协同领域龙头企业。

二是构建车城融合产业生态系统，由政府推动、龙头企业牵头，进行跨界产业融合。将感知、通信、计算等关键技术涉及的公司企业及监管机构、媒体等企业利益相关者集成在一起，综合价值链、产业链、人才链、资金链，打造车路协同产业生态系统。及时了解生态系统每个环节的健康状况，形成生态链的良性循环，使车路协同产业生态系统得以持续健康发展。促进重庆市科研+产业+技术+场景的闭环式发展和实现智能网联产业链的飞跃发展。

3．人才队伍建设

一是打造产学研一体化高地。充分借鉴和汲取兄弟单位建设的成功经验，联合航天科工等有实力的公司建立战略合作关系，以联合创新、合作研发、实战应用为核心，建设联合实验室，着力开发一批智慧科技实战项目，孵化一批智慧科技应用成果，创研一批智慧交通科技自主专利，培育一批智慧交通科技人才队伍，真正将联合实验室打造成为重庆市智慧科技研用育才高地。

二是以车路协同产业发展需求为导向，建设中国（重庆）车路协同产业创新平台。整合重庆大学、重庆交通大学、清华大学、同济大学、北京航空航天大学和北京工业大学等高校车路协同相关创新资源，助力重庆市车路协同产业创新发展。

三是推动一批国家（行业）级创新平台分中心落地重庆市。包括国家仿真工程中心、交通运输部城市公共交通智能化行业重点实验室、交通运输部综合交通协同运行与超级计算应用技术协同创新平台等。

四是推动重庆市出台车路协同产业创新支持政策。设立市级车路协同科研专项基金，支持企业科研创新，建立高端科研人员的人才支持政策等。

4．建设资金保障

深化新型基础设施投融资体制改革，调动社会资本参与积极性。重庆市将围绕重庆市智慧城市基础设施与智能网联汽车协同产业发展需求，对不同项目采取不同的筹资方式，政府财政投入重点关注准公益性项目和公益性项目。

加大财政专项资金对新型基础设施建设的支持力度，发挥财政资金引导、带动和放大作用，撬动社会资本参与新型基础设施建设。

第 **13** 章

# 长沙实践案例

## 13.1　组织模式

　　统筹支持力度不断加大。坚持高位推动，建立由长沙市领导任召集人，湖南湘江新区（长沙高新区）管委会以及市发展改革委、财政、住房和城乡建设、工业和信息化、交通运输、数据资源管理等市直单位为成员单位的智慧城市基础设施与智能网联汽车协同发展试点工作联席会议制度，以高效统筹推动试点工作。获批试点不久，长沙市先后出台《长沙市"十四五"科技创新发展规划（2021—2015年）》和《长沙市建设国家新一代人工智能创新发展试验区三年行动计划（2021—2023年）》，前者明确提出推动长沙市新能源汽车整车制造智能化发展，加强智能网联汽车产业生态建设，打造全国领先、国际知名的智能驾驶之城；后者则明确提出到2023年打造10个可在全国复制推广的车联网商用场景，建设10个对应场景的车联网信息服务平台，建成集聚效应明显的车联网产业聚集区的目标。

## 13.2　建设内容及进展

### 1. 智能化基础设施建设不断完善

　　一是开展智慧道路改造。依托新基建项目建设，加快道路基础设施的智能化改造，已累计部署开放道路路侧设施466个，覆盖城市315个路口，覆盖高速100km，实现OEM服务、车联网出行等应用；已部署智慧灯杆基础固件96个，覆盖天鹅山大科城二期科创路沿线，实现单灯控制、环境监测、信息发布、公共广播等应用；已部署数字交通车载终端设施2072个，覆盖长沙主城区公交车，实现公交优先、安全预警、公交车占道抓拍、司机安全监控应用；二是建设5G智能物流车路协同示范线。打造重卡园区5G智能物流车路协同示范线，满足物流重卡智能驾驶研发测试及应用示范的需求，现已完成项目可行性研究、立项、初步设计等前期工作。三是建设"多杆合一"智慧灯杆。完成三一大道——岳麓大道道路空间品质提升项目，实现湖南省首条"多杆合一"示范道路试运行，通过多杆合一，区域内原有杆体从448根锐减至299根，减杆率达到33%。通过将交通信号灯、交通标识牌、道路指示牌、电子监控等传统设施集成在道路照明灯杆上，并同时设置5G微基站、环境参数监测、一键呼求、Wi-Fi广播、LED显示屏、视频监视、车联网前端监测设备等新设施，实现城市建设和管理集约化、精细化、智慧化、低碳化。

2. 新型网络基础设施建设不断完善

一是加快5G网络布局。长沙市与中国移动、中国电信、中国联通等密切合作，加快无线通信5G网络布局，累计完成6.6万余个5G基站部署。全市城区、县城区和工业园区等重点区域5G网络实现连续覆盖，机场、地铁、车站、交通枢纽、城市主干道、桥梁、隧道、大型公共区域、大型居民生活区域、省市大院、党政机关、政务中心、旅游景点、大型商圈等重点场景5G网络进一步优化。二是开展车联网身份认证系统部署。基于"新四跨"及智慧城市产业生态圈（SCIE）的安全技术及信息安全产品，重点部署LTE-V2X通信安全机制，推动建立安全可靠的LTE-V2X规模化应用环境，逐步完善智能车载系统安全保障和服务能力，目前完成项目可行性研究等前期手续。

3. "车城网"平台建设加速推进

一是城市超脑系统建设。"长沙城市超级大脑"基座初步建成运行，已联通全市各级政务部门信息系统356个，上线发布3458个数据资源目录和3519个信息资源目录，汇聚各领域数据131.7亿条，成为智慧城市的能力核心，"一脑赋能，数惠全城"的格局正在加快形成。截至目前，已实现"长沙城市超级大脑"与交通综合运行协调和应急指挥中心系统链路打通，从出行规划、交通预警分析、交通调度等方面助力数字出行；实现城市超脑与智能网联云控管理平台链路打通，下一步实现平台能力共享；部署在政务云的智慧公交都市平台与智能网联云控管理平台实现数据交互，支撑基于城市级车联网智慧公交应用；依托"我的长沙"城市移动综合服务平台，整合了各类交通服务信息资源，为市民打造交通出行板块，提供"畅通出行、绿色出行"综合信息服务。二是城市CIM系统建设。出台《关于下发推广建筑信息模型（BIM）应用工作实施意见的通知》和《长沙市新型城市基础设施建设试点实施方案》，要求政府投资建设的示范项目在设计阶段全部采用BIM技术，明确了CIM平台建设的工作任务和重要时间节点。目前已经启动长沙市CIM基础平台建设的可行性研究报告编制工作，选取可行性研究编制单位，正在进行可行性研究编制。三是智能网联云控管理平台项目（二期）建设。重点依托工业和信息化部智能网联汽车数据交互与综合应用公共服务平台建设项目，强化云控平台能力建设，实现云平台与多种产业平台、政府监管平台的互通，实现智能网联及智慧交通的监管和运营。项目已立项，拟投资金额8623万元，其中一期项目于2020年已完成实施，投资3786万元；二期项目于2021年已完成设计和施工，投资3500万元；三期项目正在开展前期研究工作，计划投资1350万元，预计在2023年完成建设。

**4．示范应用场景不断丰富**

一是智慧公交规模化应用。完成2072台公交车的智能化、网联化升级，在主动安全、准点率、驾驶员监管、交通信号优先等方面示范应用，行程时间平均缩短约13.3%，高峰准点优化率达80%，智慧公交调度平台帮助湖南巴士提高运营管理效率25%。基于信号优先和专享路权的"梅溪湖—高新区"智慧定制公交于2021年4月试运营，可有效避免等车困难、堵车迟到等情况，通行时间节省了35%以上，累计载客15万余人次，得到体验市民的一致好评。二是智慧环卫示范应用。打造车路协同的低速自动驾驶环卫场景，为城市运营增添了智能网联元素，目前正在开发基于V2X车路协同的小型自动驾驶环卫车辆装备。三是重点营运车辆监管与服务。新增30台渣土车改装并投入运营，重点车辆（"两客一危"、渣土车、校车、公交车）加装汽车电子标识4000余辆，在148个节点路口建设识读基站，为城市智慧监管奠定基础，有效降低了重点车辆的违法违规现象。四是智慧停车。出台《关于长沙市智慧停车管理平台建设的指导意见》《长沙市机动车停车场接入方案（试行）》和《智慧停车管理平台项目建设方案》等政策。打造智慧停车信息平台"湘行天下"及App，注册用户数达34万人，日均为车主提供停车服务超过11万次，是目前长沙市民出行应用最广（注册机动车用户61万人）的停车服务平台，实现946家停车场在联网平台注册，接入72个停车场数据。完成桃花岭自动泊车示范停车场建设。五是智慧物流示范应用。与三一重工股份有限公司签订合作协议，共同打造5G-V2X智慧物流示范项目，推动新一代智能驾驶工程机械机群的研发与商业运营，目前正按计划推进智能驾驶重卡改造。六是RoboTaxi智慧共享出行。率先在全国开展L4级自动驾驶出租车示范运营，目前已投放30台自动驾驶出租车，免费载人测试里程超过70万km，网上订单累计服务2万人次。七是构建公众出行一体化（MaaS）体系。开通了315线智慧公交线路，完成73条公交线路、2072台公交车的智能网联终端改造，开展基于大数据分析的公交线路优化工作。开通了2条具备"信号路口优先通行""预约出行""准点准时"

的智慧通勤定制公交，推出"湘智行"智慧定制公交小程序，市民可通过App预约智慧通勤公交上下班、乘坐智慧通勤公交。实现公交电子站牌与智慧交通大脑互联互通，实现公交电子站牌实时、精准播报公交车到站信息功能，方便乘客规划出行线路和时间。加强公众出行数据治理，汇聚智能网联数据及应用，进一步夯实了MaaS体系的数据基础，通过交旅融合、大数据应用试点项目建设，以及依托"我的长沙"、"高德出行"等App发布信息，将公交相关数据实时提供给"我的长沙"和"高德出行"App，为公众提供实时到站、出行路径规划等服务，优化了公众出行交通服务环境。

### 5. 标准规范探索不断突破

《智能网联公交车路云一体化系统技术规范 第1部分：总体技术要求》DB 43/T 2538—2022、《智慧城市路口智能化路侧系统技术要求》DB 43/T 2290—2022 两项湖南省地方标准已发布，《智能网联汽车自动驾驶功能测试规程》湖南省地方标准已完成标准征求意见。

第章

# 14

苏州实践案例

## 14.1 组织模式

作为全国新型城市基础设施建设首批试点城市，苏州市以打造全国"数字化引领转型升级"标杆城市为目标，采取"1+6"举措，推动试点工作开好局、起好步。苏州市成立新城建工作领导小组，领导小组由市政府主要领导任组长，常务副市长、分管副市长任副组长，办公室设在苏州市住房和城乡建设局，统筹推进新城建建设工作。其中，以车路协同为抓手，推进智慧城市与智能网联汽车建设成为重要目标，为此设立"双智"协同专项任务小组，相城区高铁新城作为试点的核心区域，重点关注智能网联道路建设，逐步形成智能网联产业生态集群，拉动产业发展，提升优势产业赋能作用，推动传统汽车产业转型升级，形成内部黏性高、产业协同力强的细分产业链。

## 14.2 建设内容及进展

### 14.2.1 苏州相城区

苏州市相城区高铁新城对重点区域路口进行智能化改造，改造后总道路约147km，覆盖面积31.8km²。

1. 建设内容

在苏州市相城区高铁新城开放道路部署路侧基础设施，完成147km道路C-V2X网络覆盖。对核心的十字路口、丁字路口以及重要的十字路口、丁字路口采用不同的路侧单元、枪式摄像头、定向激光雷达、补盲激光雷达等技术方案，实现交通参与者感知。对于不同车道数的路段，根据路侧设备感知能力，采用不同的技术方案实现无缝互补覆盖。考虑业务需求、机房位置、链路时延等实际因素，本期项目实现单路口算力在820TOPS左右，MEC服务器集中部署，99分位双向时延1.64ms。此外，还将考虑建设77个自动驾驶接驳点位。

对于核心道路（36km）：打造全息路网（激光雷达+摄像头+RSU），路口和路段实现全息感知，可实现协同自动驾驶、精细化交通流统计等高等级应用；重点道路（46km）：在路口布设摄像头+毫米波雷达+RSU，路段无覆盖，可在路口实现弱势交通参与者碰撞预警系统、路口通行辅助信息服务等中等级应用；普通道路（65km）：仅在路口布设摄像头+RSU，路段无覆盖，可在路口实现红绿灯消息、其他道路动态信息下发等基础应用。

场景方面，将道路等级与场景矩阵进行映射，梳理核心道路、重点道路、普通道路三种道路类型可落地场景，构建S0～S5六挡不同等级服务能力，满足不同类型客户、不同等级的差异化需求。分别为S0基础感知数据服务、S1融合感知数据服务、S2事件预警数据服务、S3协同决策能力服务、S4协同控制能力服务、S5高维支撑能力服务。针对不同类型的客户，找准多角度的合作模式，引导市场可视路端的强大高赋能。

### 2. 服务对象

通过项目能力构建，逐步实现向政府部门（公安、交警、城管、城建等）提供一系列智慧城市监管服务，形成智慧城市监管需求分析，探索车联网基础设施的功能复用。例如，公安交警部门聚焦于交通违法事件（超速、逆行、闯红灯、机动车违停、机动车不礼让行人、货车载人等）、信号灯故障信息、交通流量数据等；同时聚焦于智慧城市数据需求（违停高发区域分析，车辆聚集区域分析，车辆停滞区域分析，事件溯源分析，人、车、事件智能匹配分析等）、智慧路口可视化信息、交通数据指标对接、场景化事件告警信息对接等。

服务自动驾驶测试和通过分析L0～L4级的车辆在辅助驾驶、自动驾驶方面的辅助驾驶和复杂路口感知数据增强的数据需求分析，例如，路侧数据中的红绿灯数据服务、融合感知数据服务、交通流数据服务、感知、预测、定位、地图、事前预警、事中预警、事后责任界定等，以及路侧数据分级中不同等级的数据如何提供给车端，对于可能产生安全的场景，需要以某种方式进行预警；对于可能产生严重影响安全的场景需要对车进行干预等。从而通过车路协同，面向各级别车辆提供分级分类辅助驾驶/自动驾驶服务。

### 14.2.2　常熟市

1. 建设内容

以G524国道常熟部分及高新区为主，包含市区核心范围，项目整体里程数113km，路侧设备接入数量350个，拟完成用户接入10112个，完成功能场景55个，形成专利5个、标准3个。主要内容包含路端智能网联改造建设、云端平台建设和应用场景构建三个方面，具体实施内容和适用场景如下：

（1）路端智能网联改造建设方面：对于不同的场景，配置不同的路侧智能网联设施和基础交通安全设施。路侧硬件设施配置方案需遵循促进低成本全域感知提升的建设原则。路侧智能网联设施包括交通信息采集设施、交通信息发布设施以及交通信息融合计算设施，另外建设后台信息处理及管控设施，确保对前端设备进行有效管理。交通信息采集设施——视频监控系统、毫米波雷达系统、激光雷达系统、电子抓拍系统、信号灯灯态采集系统等；交通信息发布设施——时空标志发布系统、V2P标志牌发布系统、右转盲区标志牌发布系统、匝道汇入标志牌发布系统 RSU 路侧单元、OBU车载单元、车载信息发布系统等；交通信息融合计算设施——路侧MEC融合计算系统、车载信息处理系统等。

（2）云端平台建设方面：1）常熟区段系统数据与市级平台打通，实现市县数据互联互通。2）通过行业专网接入，配合标准件实现数据高效、准确、安全汇聚。3）当前常熟区段以场景构建为主，后续会进一步与京东无人配送、常熟交警/交通数据等展开合作。根据常熟区段数据及业务需求，通过完善提升现有云平台相应模块与服务能力，实现项目所需的功能，减少改建成本，提高连接便利性与效率。4）新建交通基础设施与部署车辆可根据条件接入相关边缘云体系。运维管理系统，作为设备管理的基础性系统，实现对车路协同设施设备的高效接入，为车路协同设备与设施的有效管理和运维提供有力支持和保障，同时能够灵活接入上层业务系统，对上层行业应用提供基础数据服务。

（3）应用场景构建方面：围绕智慧交通管理、智能驾驶应用和市民出行服务三个方向开展应用场景构建，凸显5G网络与协同化基础设施的特点，提供面向行业车辆的综合信息服务和智慧交通服务。

2. 存在难点与解决方案

（1）跨平台数据的互联互通。为解决目前公安信息网安全接入出现的安全问题，确保公安信息网的边界安全，实现公安信息网与其他网络的安全、有效的数据交换，建立统一的公安信息通信网安全接入平台，统一身份认证，集中授权管理，规范接入方式，实现公安信息网外部信息的采集、交换和共享，为车联网路侧感知、其他政府部门和社会提供信息支持与服务。如果数据传输的机密性、完整性缺乏保障机制，敏感信息在传输过程中存在被泄露或篡改的风险。由于平台接入用户类型多，场所物理环境不安全，人员复杂，所以终端安全的风险较大；该项目将在公安平台与车联网平台搭建网闸进行数据传输，对数据的类型、格式进行严格检查，对数据内容进行过滤，限制不符合要求的数据传入、接入平台。确保接入平台的业务信息数据的机密性、完整性。

（2）跨部门沟通协调。项目建设涉及工业和信息化、交警、公交、住房和城乡建设等多个部门，沟通协调较为复杂，如何保障项目按计划顺利实施，过程中需要跨部门的协调与沟通。该项目成立由市政府领导牵头的常熟市智能网联汽车产业发展领导小组，由市政府领导亲自挂帅，市政府办公室、工业和信息化、发展改革委、科技、交通、交警、财政、城管、住房和城乡建设等各市直机关和常熟高新区、经开区、虞山经济开发区共同参与，以坚定决心开展车联网和智能网联汽车高质量发展先行区的创建工作。强化统筹、协调、指导和服务，定期研究调度先行区建设工作，审议重大产业规划、重大创新政策、重大项目建设事项，加强跨部门统筹协调，解决先行区建设、运营过程中遇到的瓶颈障碍，共同推动示范应用和产业化，营造有利于先行区发展的良好环境。

## 14.3 应用成效

### 1．拉动本地高科技产业投资型经济循环

可拉动苏州市本地企业投入人力、设备，围绕示范区的车、网两部分内容积极落地苏州市本土的网联汽车研发制造、IoT设备研发制造、5G网络覆盖、GNSS/RTK高精度定位覆盖。从汽车产业及通信产业两个角度，通过定向项目资金投入，有效产生产业链协同效应，对本地智慧交通及智慧网联汽车生产、制造、研发起到明显的带动作用，能够有效创造高端就业岗位，带动本地高科技产业经济内循环。

### 2．降低公路交通行业运行管理成本

通过智慧交通精细化管理，构建高度融合、充分共享、实时处理的云控平台，能够为相关业务工作提供技术支持，并实现信息互联互通，避免信息化资源重复投资，减少资源浪费，发挥路网整体化优势效能。

### 3．车路协同技术将降低车辆智慧化成本

车路协同技术成为我国智能网联汽车的主要研究技术，市场前景预期良好，其网络通信协议可迅速应用于各大车企的产品开发中。不仅能够为更高级的自动驾驶提供更优的解决方案，还能够适当减少目前车辆"感测"设备成本和重量，也将提升产品卖点，提高整车科技含量和技术附加值。

### 4．提升城市品质，带动区域经济发展

自动驾驶汽车将显著降低温室气体排放，改善交通流量，减少损耗并降低燃料消耗，提升城市品质。同时城市开放道路智能化改造，不仅能够解决城市建设中的交通问题，还能够树立公路管理及交通信息服务新形象，改善投资环境，带动相关产业发展，从而推动城市经济的发展。

# 4

## 展望篇

# 第 15 章

# 智慧城市基础设施与智能网联汽车
# 协同发展趋势

## 15.1　发展体系加速完善

一是形成车城融合发展的"双智"技术体系，通过建设"聪明的车、智能的路、智慧的城"，推动一系列融合领域技术的落地应用以及快速迭代升级；二是在国家层面将出台涵盖城市智能基础设施、智能网联汽车设备、"车城网"平台、车城融合支撑体系、运营服务及安全监管等内容的"双智"标准体系，具体指导各地方开展建设；三是各地加速部署推进"双智"建设，将促进智能基础设施、通信设备、软件服务、大数据中心、人工智能等多产业融合发展，并形成一个目标清晰、联动性强的"双智"产业。

## 15.2　经济效益和社会效益明显发挥

一方面，通过建设城市智能基础设施、"车城网"平台等，不仅可以促进城市建设提质增效，还可以有效拉动内需，助力投资稳定增长；通过培育以智能网联汽车为载体的信息消费、出行消费等新产业，可以促进新经济快速发展。另一方面，通过开展智能公交、RoboTaxi、城市灾害预警以及路网优化等各类示范应用，将有效解决传统汽车给城市带来的交通拥堵、安全事故、环境污染、停车难等问题，有效支撑韧性城市建设，更好地服务居民出行并满足居民美好生活需求。

## 15.3　形成多方参与、协同创新的良好氛围

"双智"协同发展涉及产业链长、覆盖面广，对于促进经济发展、民生改善和产

业转型升级都产生积极的作用，可以吸引多方共同参与，形成多级联动的合作模式。在国家层面，相关部门将制定顶层规划，明确技术发展路线，做好方向引导；地方政府将加快智能基础设施建设与改造，依法依规开放各种应用场景和数据，为"双智"项目落地提供广阔的空间；一批与汽车、通信和基础设施相关的企业和科研机构将加大创新投入，成为支撑"双智"建设的中坚力量，并在城市的支持下，逐步开展商业化运营。经过各方共同努力，未来将形成商业模式清晰、具备规模效应的"双智"生态。

## 15.4　商业模式逐步成熟

以积极审慎的态度，探索在试点城市有条件地开放商业化布局，促进产业生态发展。总体来看，智能基础设施商业模式要坚持"谁受益，谁付费"的原则。首先，智能基础设施的运营会产生大量车端、路端和城端的基础数据，做好这些基础数据的运营，可以为多类用户提供数据增值服务，所以基于数据的商业模式或能成为突破口。其次，智能基础设施本身也可形成"使用—付费"的商业模式，比如基础设施为汽车提供道路感知信息，汽车要为感知信息付费，智能基础设施的建设方就能获得投资回报。最后，一部分重要的基础设施建设应当纳入政府建设的范畴，从而使其能够长期稳定地提供服务。

# 第**16**章
## 智慧城市基础设施与智能网联汽车协同发展建议

## 16.1 完善顶层设计，健全协同机制

汽车与城市、交通、通信、能源、环境的协同发展横跨多个部门，建议组建"双智"协同发展部际联席会议制度，发挥专业机构的协同作用，形成由政府主导、多方协同配合的体制机制；加强部门间政策措施的衔接，建议相关部门联合出台"双智"相关政策文件，完善顶层设计，全面指导城市开展"双智"建设；地方政府在实际工作中，可以成立领导小组或专班，设置相应工作小组负责道路建设、平台管理、产业发展、商业应用、技术创新等方面的战略设计与统筹协调。

## 16.2 构建产学研用一体化创新发展体系

抓好政府引导、市场导向、企业主体、平台建设等核心环节，充分调动社会各界积极性，实现多主体参与，加强产业融合；聚焦新材料、信息通信、感知技术及先进制造等重点领域，引导城市需求部门、高校、科研机构与整车企业、通信企业、设备厂商等加强合作，建设"双智"工程技术中心和实验室等创新平台，攻克重点领域"卡脖子"技术；探索企业与高校、科研机构深度合作的模式，如由高校、科研院所负责关键核心技术的攻关，由企业主导产业打造与核心竞争力培育，推进新技术落地应用与完善，解决部分领域融合技术方案不成熟等问题，不断降低"双智"建设的成本。

## 16.3 继续稳步推进"双智"重点任务建设

建议试点城市扩大"双智"建设规模和区域，提升城市智能基础设施覆盖率，加速构建城市感知体系；支持政府车辆、特种车辆和社会营运车辆后装OBU，鼓励车企量产搭载5G与LTE-V2X功能的汽车，促使更多的汽车与城市智能基础设施互联互通，实现车端与城端实时信息共享与交互，从而推动"双智"建设发挥更多成效；继续探索建设统一架构的"车城网"平台，推动多源异构信息融合互通，促进动静态数据融合应用，满足"双智"协同发展的需求；明确"车城网"平台建设规则与数据使用规则，以及与城市现有平台的关系，避免平台重复建设和功能覆盖造成的资源浪费。

## 16.4 支持先试先行，推进应用与模式创新

支持有条件的城市先行先试，坚持包容审慎态度，推动应用与模式创新。以满足现实需求为目的，开展能够切实提升人民出行体验和服务城市管理的示范应用，条件成熟后要在更大范围内予以推广；鼓励探索以市场化投资为主导、政府参与为辅的投资建设运营模式，由政府主导"钢筋+水泥"等具有市政性质基础设施的建设，企业主导毫米波雷达、RSU、边缘计算设备等"眼睛+大脑"类智能基础设施建设，通过引入社会资本快速推进智能基础设施建设，缓解政府资金压力和风险，不断探索市场化投资建设模式。

## 16.5 制定凝聚行业共识的"双智"标准成果

建议由国家主管部门统筹规划，试点城市、企业和专业机构共同参与，完善常态化工作机制，研究出台统一的"双智"标准体系、技术导则或建设指南，规范和指导各地方开展建设，为下一步实现跨区域系统互联互通提供支撑和保障。在城市智能基础设施层面，着力推进面向应用场景的标准化工作，建立路侧感知与计算系统的体系化技术要求与测试方法；在"车城网"平台建设层面，匹配平台数据服务与智能网联汽车需求，推动数据集、交互规范等标准文件制定；在智能网联汽车层面，统一相关企业数据交互标准及规范，推动传感器、计算平台、算法等不同系统要素间接口标准化。

## 16.6 适时对试点城市开展综合评价

"双智"协同发展需要一套完善的综合评价评优机制，为城市规划建设做好长期的方向引导。建议由国家主管部门围绕组织机制保障、资金投入、建设内容、标准成果以及应用成效等方面，采用定性与定量相结合的方式，突出"双智"建设的重点任务，制定切实可行的评价评优指标体系，为城市分阶段推进建设进展提供依据；国家主管部门应当适时对城市"双智"建设情况进行综合评价评优，挖掘并推广城市在实践中的优秀案例，逐步打造成为"双智"城市样本。

# 参考文献

[1] 张永伟，姚丹亚，等．智慧城市基础设施与智能网联汽车协同发展年度研究报告（2021）[R]．北京：中国电动汽车百人会，2021：1-38．

[2] 秦孔建，吴志新，等．智能网联汽车测试与评价技术[M]．北京：机械工业出版社，2021．

[3] 国家发展和改革委员会．智能汽车发展战略[Z]．2020．

[4] 工业和信息化部．汽车驾驶自动化分级[Z]．2020．

[5] 瞿国春，郑贺悦，等．中国汽车产业与技术发展报告（2021）[M]．北京：电子工业出版社，2021．

[6] 安铁成，陆梅，等．中国新能源汽车产业发展报告（2022）[M]．北京：社会科学文献出版社，2022．

[7] 王庞伟，王力，等．智能网联汽车协同控制技术[M]．北京：机械工业出版社，2019．

[8] 王兆，杜志斌，等．智能网联汽车信息安全测试与评价技术[M]．北京：机械工业出版社，2021．

[9] 张莉．数据治理与数据安全[M]．北京：人民邮电出版社，2019．

[10] 温慧敏，雷方舒，等．城市交通大脑未来城市智慧交通体系[M]．北京：电子工业出版社，2022．

[11] 蔡军，陈飞．城市交通与路网规划[M]．北京：中国建筑工业出版社，2017．

[12] 洪卫军，姜雪松，等．5G+智慧城市[M]．北京：机械工业出版社，2021．

[13] 李德仁．数字孪生城市智慧城市建设的新高度[J]．中国勘察设计，2020（10）：13-14．

[14] 张永伟，朱晋，等．自动驾驶应用场景与商业化路径[M]．北京：机械工业出版社，2020．

[15] 张永伟，赵泽生，等．智慧城市基础设施与智能网联汽车协同发展建设指南（2022）[R]．北京：中国电动汽车百人会，2022：1-36．

[16] 程增木．智能网联汽车技术入门一本通[M]．北京：机械工业出版社，2021．

[17] 赵振山，张世昌，等．蜂窝车联网通信标准[M]．北京：人民邮电出版社，2021．

[18] 郑卫华，房庆，等．国家标准体系建设研究[M]．北京：中国标准出版社，2006．

[19] 李萍．浅谈国外智能交通系统的应用和发展趋势[J]．吉林交通科技，2014（3）：10-12.

[20] 欧洲道路交通研究咨询委员会．网联、协同、自动驾驶路线图[Z]．2020.

[21] 德国联邦交通与数字基础设施部．自动网联驾驶战略[Z]．2021.

[22] 尚少岩，于静，等．新型城市基础设施建设与发展[M]．北京：中国建筑工业出版社，2022.